Hopscotch 8

Na h-Eileanan an Iar - Die Äußeren Hebriden

vom Butt of Lewis bis zum Strand von Vatersay

unterwegs
mit dem „Hopscotch 8" Fährticket
auf den nordwestlichsten Inseln Schottlands,
die auch als „Western Isles" bzw.
auf Gälisch „Na h-Eileanan an Iar"
bezeichnet werden.

Hans-Martin Goede

Hans-Martin Goede

Hopscotch 8

Herausgegeben von: CARTOgrafik Goede
ISBN: 978-3-93288-432-0
D 23,80 Euro | AT 24,50 Euro | UVP GB 23,80 £

Text, Cover und Gestaltung: Hans-Martin Goede
Fotos (237) und Karten (88): Hans-Martin Goede 2018
Kartographie: Hans-Martin Goede, Grundmaterial © Digital Wisdom Inc.
Gedruckt und gebunden durch WIFA Druck & Verlag GmbH, 91522 Ansbach

Die in diesem Reisebuch enthaltenen Informationen wurden vom Autor nach bestem Wissen zusammengestellt. Dennoch sind inhaltliche Fehler nicht mit absoluter Gewissheit auszuschließen. Daher sind alle Angaben und Namen ohne jegliche Verpflichtung und Garantie des Autors zu sehen. Für eventuelle Unstimmigkeiten wird weder Verantwortung noch Haftung übernommen. Es sind jederzeit Anregungen und Verbesserungsvorschläge für weitere Auflagen willkommen, die über die Webseite zum Buch unter www.hopscotch8.info übermittelt werden dürfen.

Äußere
Hebriden
Lewis
St. Kilda
Taransay
Shiant Islands
Pabbay
Scalpay
Berneray
Harris
North Uist
Benbecula
Grimsay
South Uist
Barra
Eriskay
Vatersay

INHALT

Steckbrief der Äußeren Hebriden

Steckbrief der Äußeren Hebriden

Der geographische Außenposten von Europa

Auf den Karten von Atlanten, wie auch digital in GoogleMaps und althergebrachten (gedruckten) Straßenkarten zeigen sich die Inseln der Äußeren Hebriden vor der nordwestlichen Küste von Schottland wie ein Bollwerk im Atlantik, kurz vor dem Abbruch des europäischen Kontinentalsockels in die Tiefsee. Die Inseln sind bei den Schotten als „Hebrides" bzw. „Western Isles" bekannt, auf Gälisch heißen sie „Na h-Eileanan an Iar" (zu Deutsch: „die Inseln im Westen").

Ein erster Zoom auf diesen abgelegenen geographischen wie geologischen „Außenposten" Europas im Nordatlantik zeigt, dass diese Inselgruppe auf über 200 Kilometern Länge viel mehr als die großen Hauptinseln Lewis und Harris, North Uist, Benbecular, South Uist, Eriskay und Barra umfasst: 119 mehr oder weniger steinige (überwiegend Granit-)Felsen ragen mit einer Gesamtfläche von etwas mehr als 3.000 Quadratkilometern aus dem meist wilden Atlantik, dessen Tidenhub hier etwa fünf Meter ausmacht und so das Land in seiner Größe eher „atmet".

Verbunden sind einige (bewohnte) Inseln durch Brücken, Fährverbindungen hat es zwischen den Inseln Harris (Leverburgh) und North Uist (bzw. Berneray), sowie Eriskay und Barra.

Politisch unterstehen die Hebriden Schottland, das wiederum ein Teil von Großbritannien ist, zu dem auch Nord-Irland, Wales und England gehören.

Zu den Inneren Hebriden zählen 40 Inseln. Die bekannteren davon sind Skye, Raasay, Rùm, Eigg, Coll, Tiree, Mull, Staffa und Iona, sowie die weiter südlich liegenden Inseln Colonsay, Jura und Islay.

Die Meerenge zwischen den Inneren und Äußeren Hebriden ist als „Minch" bekannt.

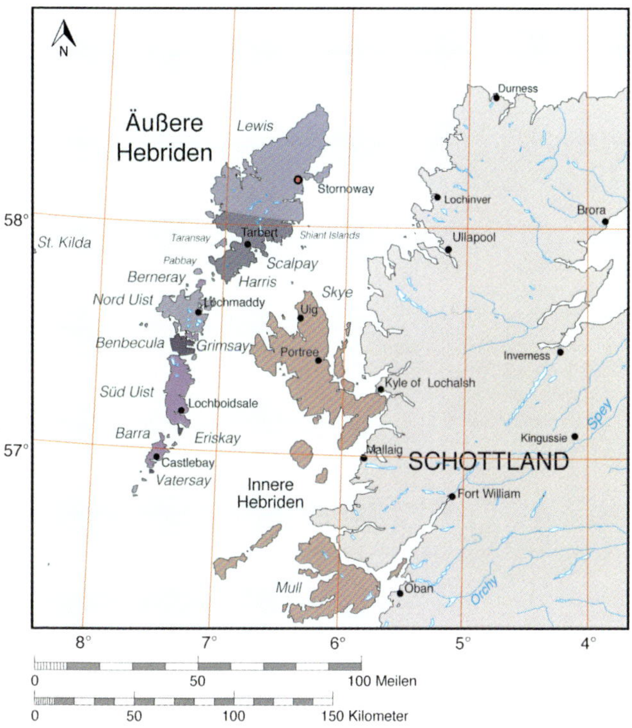

Die Geologie der Hebriden

Geologisch sind die Äußeren wie Inneren Hebriden und das „Mainland" mit seinen Highlands verwandt: Vorherrschend hat es kristallines Gestein wie Granit bzw. der ortsspezifische „Lewis-Granit", Gneis und Schiefer. Hinzu kommen Gesteine vulkanischen Ursprungs, immer wieder kann man Basaltformationen sehen.

Mit einem Alter von ca. 2,8 Milliarden Jahren ist der Lewis-Gneiss übrigens das älteste weltweit bekannte Gestein, wahrlich ein geologisch „historischer Boden". Durch das Alter des Gesteins und die Tektonik bedingt versinken die Hebriden allerdings langsam im Meer: in den letzten 5.000 Jahren verloren sie rund fünf Meter an Höhe.

Da die Berge der Inseln aber einiges an Höhe aufzuweisen haben, wird es noch lange dauern, bis die letzten Felsen aus dem Meer ragen werden: auf Lewis ist der Mealasbhal südlich der Uig-Sands mit 574 Meter die höchste Erhebung, in den Highlands von Nord-Harris ist es der An Cliseam mit 799 Metern. North Uist hat mit dem Eabhal immerhin noch 347 Höhenmeter, die flache Insel Benbecula hat ihre höchste Erhebung mit den 124 Metern des „Ruabhal". Auf South Uist hat es als höchste Erhebungen mit 606 Metern das Bergmassiv des „Hecla" (nicht zu verwechseln mit dem Vulkan „Hekla" auf Island) und den daneben liegenden Beinn Mhor mit 620 Meter. Auf Eriskay kann man immerhin mit dem Beinn Scrian 185 Höhenmeter erklimmen, auf Barra liegt der Gipfel des Heabhal stolze 384 Meter über dem Meeresspiegel.

Bild rechts: Im Bildhintergrund der 799 Meter hohe „An Cliseam" auf Nord-Harris mit seiner markanten Spitze vom Beinn a Chaolais aus gesehen.
Bild unten: das Bergmassiv des „Hecla" (höchster Berg links) und „Bein Mhor" (höchster Berg rechts) auf Süd-Uist vom Rubha Ardvule auf der Atlantikseite der Insel aus gesehen.

Das Klima der Äußeren Hebriden

Die Äußeren Hebriden liegen mit „Barra Head" im Süden und dem Butt of Lewis an der Nordwestspitze zwischen 56,8° südlicher und 58,3° nördlicher Breite. Zum Vergleich: Oslo und Helsinki liegen am 60. nördlichen Breitengrad. Auf dem Papier liegen die Hebriden folglich etwas südlicher als die skandinavischen Hauptstädte.

Dank des Einfluss des Nordatlantik ist das Wetter auf den Inseln jedoch komplett anders. Statt schneereicher Winter wie in Oslo bzw. eisiger Wintermonate wie in Helsinki ist es durch den Einfluss des Meeres - insbesondere durch den Golfstrom bedingt - in den Wintermonaten merklich wärmer. Stornoway hat im Winter lediglich etwa fünf bis zehn Tage mit Schneefall, die Schneedecke ist im besten Falle nur wenige Zentimeter hoch, weiss Dr. Edward Graham zu berichten. Er ist in seiner Freizeit Wetterbeobachter - und unterrichtender Meteorologe am College in Stornoway für die „Highlands and Islands University". Er betreibt seit Mitte der 1970er Jahre akribisch Wetteraufzeichnungen auf Lewis, die Tage mit Schnee und Eis weiss er an seinen Händen aufzuzählen. Die Höchstwerte im Dezember und Januar liegen meist um die 7 Grad plus, nachts fällt das Thermometer aber nur selten an oder etwas unter die Null-Grad-Marke.

Und während in Oslo oder Helsinki in den Sommermonaten durchaus warme Temperaturen über 25 Grad normal sind, werden es auf Lewis selten mehr als 20 Grad. Die mittlere Tageshöchsttemperatur liegt nur bei etwa 15 Grad (das entspricht in Deutschland in etwa der Zeit Mitte bis Ende April). In einem Ausnahmesommer wie 2018, als am 4. Juli in Stornoway außergewöhnlich warme 25,3°C gemessen wurden, spricht man auf den Inseln sogar von einer „Hitzewelle", zumal es seit Aufzeichnungsbeginn 1930 hier nur vier weitere Tage mit ähnlich hohen Temperaturen gegeben hat. Dennoch gilt: Auf Grund der erhöhten „Windanfälligkeit" durch den offenen Atlantik ist die „gefühlte Temperatur" auf den Western Isles merklich niedriger, als das Thermometer vor Ort anzeigt - die Gefahr ins Schwitzen zu geraten ist sehr gering.

Ebenso kann man die Äußeren Hebriden beim Wetter definitiv nicht mit den Inneren Hebriden wie z.B. der Insel Skye vergleichen. Die Inneren Hebriden sind westlich wie nordwestlich durch den Inselgürtel der Äußeren Hebriden vom rauen Atlantik deutlich besser abgeschirmt, weshalb auf den Inseln nahe dem „Mainland" die Temperaturen merklich milder sind.

In Deutschland betragen die mittleren Jahresniederschlagsmengen um die 500 Liter im Raum Brandenburg, rund 900 Liter pro Quadratmeter fallen in Schleswig-Holstein. Im Schwarzwald und in den Hochlagen der Alpen sind es teils mehr als 1.900 Liter Regen pro Jahr. In Stornoway liegt der Jahresniederschlag bei stolzen 1173 Liter. Das sind im Schnitt pro Tag 3,2 Liter Niederschlag. Wenn es, wie von Ende Mai bis Mitte Juni 2018 geschehen, an 23 Tage am Stück ohne Regen „staubtrocken" ist, schaffen es solche Meldungen in Großbritannien auch in die Hauptnachrichten.

Für die Urlaubsmonate im Sommer ist die nördliche Lage der Äußeren Hebriden für das Tageslicht positiv: Mitte bis Ende Juni ist es jeden Tag mehr als 18 Stunden hell - große Chancen also, dass es im Laufe eines langen Sommertages nicht nur Regen sondern auch viele Sonnenstunden gibt!

Da die Landmasse der Äußeren Hebriden nicht breit und hoch genug ist, ziehen Tiefdruckgebiete mit ihren Regenwolken schneller über die Inseln hinweg, so dass ein Wetterwechsel von Regen zu Sonnenschein (aber eben auch anders herum) sehr schnell abläuft. Statistisch gesehen sind April, Mai und Juni die trockensten Monate auf den Äußeren Hebriden, deutlich wärmer ist es im Juli und August - dafür steigt aber die Regenwahrscheinlichkeit erneut an. Wärme und Feuchte sind allerdings wiederum die Ursache für das teils massive Auftreten der kleinen schottischen Fliegen („Midges").

Bild oben: Dr. Edward Graham (links) mit Autor Hans-Martin Goede (rechts) im August 2018 in Stornoway.
Bild unten: Die Wetterstation von Dr. Edward Graham in Stornoway, die er seit rund 40 Jahren betreibt.

Bilder von oben nach unten: Der klassische Küstenaufbau der Äußeren Hebriden beginnt mit dem Strand, setzt sich mit den Dünen fort. Es folgen die „Low Machair" mit ersten kleinen Seen, gefolgt von den höher gelegenen „High Machair" und ihren Frischwasserseen. Dahinter erfolgt der Übergang in die Moorlandschaften mit ihren Heideflächen und im Osten der Inseln die Highlands mit ihren felsigen Bergen.

Die Machair

Das Wort Machair begegnet einem auf den Äußeren Hebriden nicht nur in Namen von Restaurants, Straßenamen oder in Ortsnamen - „Machair" sind die Äußeren Hebriden. Kein anderer Landstrich in Schottland wird so durch diesen Begriff geprägt, wie die westlichen Inseln.

Als „Machair" werden nahezu die gesamten westlichen Küstenregionen der Hebriden bezeichnet - gemeint ist der Aufbau vom Strand bis zu den Highlands. Insbesondere die Westküste von Süd-Uist ist im Aufbau der Vegetation ein Paradebeispiel dieser alten gälischen Bezeichung für den Landstrich mit „blühenden Landschaften" zwischen Strand und unfruchtbarem Moor im Hinterland. Bis heute haben die Menschen der Hebriden es verstanden, genau diesen Boden, der das fruchtbarste ist, was die Hebriden zu bieten haben, nicht zu bebauen - oder wenn unvermeidbar nur mit den notwendigsten Bauwerken wie Straßenverbindungen.

Geformt wurden die „Machair" vor 3.000 bis 4.000 Jahren, als die Gletscher der letzten Eiszeit sich in Wasser auflösten und der Sand sich durch den Wind vom Meer auf dem Felsgrund ausbreitete. Ohne den menschlichen Einfluss konnten sich auf dem Sand in der Folgezeit Gräser und Pflanzen festsetzen und so eine ertragreiche, wenn auch sehr dünne Humusschicht aufbauen. Weiter im Landesinneren, wo der Sand nicht hingetragen wurde, bildeten sich mit der Zeit die noch heute sichtbaren kargen Moorlandschaften mit den rot blühenden Heideflächen im Spätsommer und Herbst.

Auf dem heutigen Grasland der Maichairs der Hebriden finden sich bis zu 45 Pflanzen- und Blumenarten, im Frühsommer gleichen die Flächen einem bunten Blumenmeer. Süßwasserseen (Lochs) und immer wieder durchziehende Regenfronten bilden die Grundlage für die wochenlang saftig grünen wie bunten „blühenden Landschaften", dies vor allem auf den Uists. Dort begegnet einem durchaus ebenso die eine oder andere Hummel.

Viele Grasflächen der Machairs werden heutzutage von den Farmern für die Viehzucht genutzt, deshalb kann es dem Spaziergänger in den Dünen passieren, dass Picknickplätze mit ihren Tischen und Bänken von Kühen besetzt sind... Naherholung auch für die Fauna!

Flora und Fauna

Entsprechend dem Breitengrad ist die Vegetation auf den Äußeren Hebriden sehr „spartanisch“ und der des nördlichen Schottland sehr ähnlich: mal nacktes Gestein, mal karger Bewuchs durch Heide und niederes Gestrüpp, teils auch bewaldet mit Kiefern - dann wieder kleine wie größere „Lochs“, die schottische Bezeichnung für Seen. Lokal gibt es „Wälder“ (Woodlands), die aber industriell angebaut wurden und vielfach schlagartig für die Papierindustrie komplett gerodet - korrekt ausgedrückt eher abgeerntet werden: Wo im Vorjahr noch dichte Fichtenwälder standen, ist im neuen Jahr nur noch Brache mit aufgewühltem Moorboden und Baumresten zu sehen, die nur langsam wieder zuwachsen.

Die baumlosen Weiten der Hebriden sind den Gletschern der Eiszeiten zu verdanken. Diese haben den einstigen Humusboden bis auf den Fels hinunter nahezu überall abgeschliffen. Nur mühsam bildet sich wieder eine Erdschicht. Der seit der letzten Eiszeit entstandene Boden ist in der Regel sauer bzw. alkalisch und bedarf für den Anbau von Feldfrüchten vielerorts des Düngemitteleinsatzes oder wenigstens der Aufkalkung.

Entlang den Küsten kann man Seehunde und Delphine entdecken, Kegelrobben im Hafen von Stornoway sind eine willkommene Abwechslung, wenn sie zirkusreife Einlagen aufs Wasserparkett hinlegen, um vom bootputzenden Fischer „den Rest vom Fest“ abzustauben. Vor allem auf der Fährfahrt von Ullapool nach Stornaway sind in den Sommermonaten Minkwale zu sehen. Neben Rotwild, Schafen und (Highland-)Rindern finden sich auf den Äußeren Hebriden neben dem beliebten Papageitaucher an den Stränden vielfach Seemöwen, Basstölpel, Austernfischer wie Seeschwalben. Auf Lewis und Harris sind auch Falken, Uhu und Stein- wie Seeadler beheimatet. Der Seeadler ist erst seit kurzem wieder auf den Inseln anzutreffen, 2017 wurden wieder 29 Brutpaar gezählt. Insbesondere auf den Wiesen

der Uists tummeln sich in den Sommermonaten neben unzähligen Insektenarten auch Hummeln, in alten Häusern wie in einigen Orten sind Wespen zu finden. Vor allem die Marschen, Strände und Dünen auf den Uists sind ein Paradies für Vogelkundler und Vogelfotografen: Mehr als 320 Vogelarten sind auf den Inseln beheimatet, mehr als 100 von ihnen brüten hier und ziehen ihre Jungen groß.

Am weitesten verbreitet und in ihrer jährlichen Anzahl nicht zählbar sind in den Sommermonaten auf den Hebriden die „mikroskopisch" großen „Midges", die „schottische Mücke". Sie braucht Blut um sich fortzupflanzen - beisst sich entsprechend gerne durch die (haarfreie) Haut von Menschen, findet jedoch auch die Kopfhaut und ihre Haare ganz praktisch, um sich festzusetzen. Auch wenn der Lebenszyklus dieser bissigen Mitlebewesen extrem kurz ist: sicher ist man vor ihnen erst ab Windstärken über „Schrittgeschwindigkeit", also ab ca. fünf bis sieben km/h sowie bei Sturm und Regen. Bei windarmer wie sonniger Wetterlage ist man also entweder „schneller" in der Eigenbewegung - hat ein feinmaschiges Netz als Hut UND Handschuhe, oder stellt sich als Opfer zur Verfügung (um Fotos in dieser grandiosen Umgebung zu machen bleibt einem wohl nichts anderes übrig). Eines der bekanntestes Abwehrmittel gegen die Midges ist die Lotion „Skin so soft". Sie ist nicht, wie man erwarten kann, in einer Parfümerie zu kaufen, sondern bevorzugt in den Baumärkten Schottlands erhältlich: zwischen Harke, Spaten, Schraubenzieher, Kettensäge und anderen Handwerkerutensilien. Ob sie aber wirklich die kleinen Plagegeister abwehrt, ist umstritten - es hilft nur ausprobieren und weitersehen. Evtl. ist es aber einfach nur „eine Frage des Blutes" wie bei den Mücken daheim.

Bild unten: Blick von Lewis von der Single Track Road zwischen Stornoway und Carloway nach Süden Richtung Harris. Karger Heidebewuchs und Lochs (Seen) wechseln sich auf Lewis vornehmlich ab.

Das Eriskay Pony

Pferde gibt es weltweit - doch auf den Äußeren Hebriden lebt das „Eriskay Pony", eine sehr alte Pferderasse, deren Art Dank Steinritzungen bis zu den Pikten nachgewiesen wurde. Die „Eriskays" wurden über tausende Jahre hinweg als Transportpferd genutzt, selbst die Wikinger haben das Pony schätzen gelernt und mit auf ihre Überseereisen genommen: Das Island-Pferd ist eine Unterart der Eriskays. Bis Mitte des 19. Jahrhunderts wurden sie auf den Hebriden für die alltäglichen Aufgaben der ländlichen Bevölkerung genutzt, wie z.B. bei Torf- und Seegras-Transport oder als Unterstützung bei der Feldarbeit für das Ziehen der Karren mit der Ernte.

Eriskay Ponys sind ausgewachsenen etwa 124 bis 138 Zentimeter groß und durch die kargen Nahrungsquellen sehr genügsam. Auch sind sie mit ihrem Fell sehr gut an die rauhe Natur der Hebriden angepasst. Über die Jahrhunderte der Domestizierung entwickelten sich die Eriskay Ponys zu den robusten, vielseitigen und menschenfreundlichen Charakteren, die wir heute auf Eriskay und Süd-Uist sehen. Begegnet man ihnen in freier Natur, kommen sie sehr schnell auf Menschen zu und suchen nach dem „Zuckerle" in der Jackentasche...

Leider gibt es nur noch wenige Eriskays, sie leben auf großzügigen Koppeln und werden zum Reiten genutzt. Im 20. Jahrhundert wurden die Eriskays zunehmend durch größere Pferde oder Maschinen ersetzt, was dazu führte, dass in den 1970er Jahren weltweit nur 20 Ponys noch lebten. Dies war der Zeitpunkt, als sich eine engagierte Gruppe zur „Eriskay Pony Society" (www.eriskaypony.com) zusammenschloss und für den Erhalt der Pferderasse zu kämpfen begann. Ihre Arbeit ist von Erfolg gekrönt: Weltweit ist der Bestand wieder auf mehr als 400 Eriskay Ponys angewachsen. Dennoch gilt dies als „kritischer Bestand", weiterhin ist diese alte Pferderasse vom Aussterben bedroht.

Besiedelung erfolgte in prähistorischer Zeit

Die Besiedelung der Inseln aus früher Zeit ist an vielen Orten zu sehen. Aus der „jüngeren" Vergangenheit sind es die Ruinen der „Black-„ bzw. „Whitehouses". Diese Art des Wohnens aus dem Mittelalter bis zur Mitte des 20. Jahrhunderts kann man sehr gut in den Inselmuseen „Blackhouse 42 Arnol" und „Gearrannan Blackhouse Village" erkunden. In Gearrannan können einige der strohgedeckten Blackhouses auch ganz normal als „Cottage" angemietet werden. Natürlich verfügen Sie nicht mehr über einen integrierten Stall, einen Wohn- mit Schlafbereich und einer Feuerstelle als Mittelpunkt des häuslichen Lebens, sondern sind modern mit Schlafzimmer, Aufenthaltsraum und Küche eingerichtet. Strom und Warmwasser sind selbstverständlich.

Die ältesten Besiedelungsspuren reichen 9.000 Jahre zurück: Ca. 7.000 v.Chr. hinterließen erste Jäger ihre Spuren auf den Äußeren Hebriden. Sie wurden später seßhaft und begannen ca. 4.000 v.Chr mit einfacher Landwirtschaft. Die Besiedelung erfolgte über die westliche, dem offenen Atlantik zugewandte Seite mit ihren Strandbuchten. An den felsigen, dem „Mainland" zugewandten Ostküsten der Western Isles wurden erst viel später kleine Hafenorte gegründet, die den Handelsverkehr mit dem „Mainland" und den inneren Hebriden begründeten.

Die Steinkreise von Callanish (gälisch „Calanais") sind zeitgeschichtlich ebenso bedeutend wie die Anlage von Stonehenge in England, sind aber weniger bekannt - und bieten wie die Steinsetzungen auf den Orkneyinseln viel Raum für mystische Deutungen. „Callanish I" ist sogar größer als Stonehenge, wenn auch die Anordnung der Steine anders ist. Die

Megalithkultur auf Lewis wird auf ca. 3.000 v.Chr. datiert und entstanden somit vor der Besiedelung durch die Kelten. Archäologen gehen davon aus, dass die Steinsetzungen in der Bronzezeit geplündert und aufgegeben wurden. In den Jahrtausenden danach wurden die Steinsetzungen durch die Hochmoorbildung von Torf überdeckt, so dass die bis zu 4,75 Meter hohen Steine im 19. Jahrhundert etwa 1,5 Meter überdeckt waren, bevor sie im Zuge von Torfstechungen entdeckt wurden. Seit 1981 sind sie wieder komplett freigelegt, ein Besucherzentrum inkl. einem kleinen Restaurant bzw. Café wurde 1995 errichtet, mehrere 10.000 Besucher besuchen jährlich die Anlagen „I, II und III", die fußläufig voneinander entfernt liegen.

Die Kelten besiedelten Schottland etwa ab ca. 600 v.Chr.. Die auf den Western Isles oft zu sehenden „Brochs" (allerdings in der Regel nur noch Fundamente bzw. „Steinhaufen") wurden von irischen Zuwanderern (den „Dalriada") etwa ab 200 v.Chr. errichtet. Mit am besten erhalten ist der Broch Dun Carloway, von dem eine Außenwand mit rund neun Meter Höhe noch steht. Er wurde bis in das Mittelalter hinein von den Menschen auf Lewis zum Wohnen genutzt. Es wird vermutet, dass aus den „Dalriada" die späteren „Scoti" bzw. „Scots" und damit die Schotten wurden.

Geheimnisvoll sind die „Pikten", die lange Zeit weite Teile Schottlands besiedelten. Eigentlich steht der Name, der aus dem Lateinischen stammt („picti"), lediglich für „die Bemalten" und war für die Römer der Überbegriff für „Völker in Schottland", letztlich der Ursprung für die „Clans" der Schotten. Zudem ist von der Kultur der Pikten nur wenig erhalten, wie z.B. einzelne gravierte Steine bzw. Stelen, die dem Ende ihrer Kultur zugeschrieben werden, die

Bild unten: Der Steinkreis von Callanish III auf Lewis im mysthischen Abendlicht. Die Steinsetzungen wurden vor ca. 5000 Jahren errichtet.

auf das 9. Jahrhundert n.Chr. datiert wird.
Die Römer waren nur zeitweilig in Schottland, einzelne „Roman Camps" aus dem ersten Jahrhundert nach Christus sind bekannt. Auf den Hebriden waren die Römer nicht, mit der Errichtung des „Hadrianwalls" ab dem Jahr 122 n.Chr. zogen sie sich südlich dieser Mauer zurück. Die Christianisierung der Äußeren Hebriden erfolgte im 6. und 7. Jahrhundert nach Christus, was viele religiöse Stätten aus dieser Zeit belegen. Ob die Verbreitung des christlichen Glaubens durch Mönche von Iona oder andere Missionare erfolgte, ist bis heute nicht geklärt. Heute sind die südlichen Inseln (von Vatersay bis Süd-Uist) katholisch geprägt, die nördlichen Inseln gehören überwiegend der Presbyterianischen Kirche an.

Zwischen 700 und 900 n.Chr. besiedelten die Wikinger von Norden her die Western Isles, sie wurden von den Einheimischen, wie im übrigen Europa auch, als „Nordmänner" bezeichnet. Die „Blackhouses" auf den Inseln erinnern in Form und Funktion den traditionellen Langhäusern der Wikinger. Vom Ende des 11. bis zur Mitte des 13. Jahrhunderts gehörten die Äußeren Hebriden zum „Königreich von Man und den Inseln" und unterstanden dem König von Norwegen. 1263 waren die Schotten erstmals erfolgreich mit der „Schlacht von Largs", 1266 gaben die Normannen die Hebriden auf, die Inseln kamen mit dem Vertrag von Perth unter die Schottische Krone von König Alexander III. 1346 wurden die Äußeren Hebriden von „John of Islay" durch die Heirat mit Amie MhicRuairridh von Lewis unter einer Lordschaft vereint: es war der Beginn der „Lords of the Isles", rechtlich der Schottischen Krone untergeordnet. Durch ihre exponierte Lage waren die Inseln jedoch effektiv mehr unter „Lord-Kontrolle" als unter der Krone. Die weitgehende Selbstverwaltung war der Grundstein für das folgende „Goldene Zeitalter" der Inseln mit einer florierenden gälischen Kultur, welche erst im späten 15. Jahrhundert zu Ende ging und die Clans auf den Hebriden ihre jeweils eigenen Burgen wie Kirchen bauten.

Erstmals umfangreich beschrieben wurden die Äußeren Hebriden mit ihrer Geschichte und Lebensweise der Insulaner 1703 in Martin Martins „Description of the Western Isles of Scotland". Detailliert beschreibt der Autor die Art der Landwirtschaft und Fischerei, das Leben in den Dörfern mit den Blackhouses und das Aufleben des Handwerks. Mit den Jakobiteraufständen im 17. Jahrhundert gelangten die Western Isles in den Fokus der Kriege, als Charles Edward Stewart, besser bekannt als „Bonnie Prince Charles", 1746 bei Culloden vernichtend geschlagen wurde und auf die Äußeren Hebriden floh. Seine Anlandung ist auf Nord-Harris heute mit einem Denkmal bedacht. Das Kopfgeld auf den katholischen Prinzen betrug 30.000 Pfund (nach heutigem Wert ca. 15 Millionen Britische Pfund).

Die „Clearances" von Schottland (Ende des 18. bis Ende des 19. Jahrhunderts), die Räumung der Highlands und damit die Vertreibung derer Bewohner, um die ausgedehnten Flächen für die Schafzucht nutzen zu können, machten auch vor den Äußeren Hebriden nicht Halt und durchlief zu Beginn des 19. Jahrhundert auf den Inseln ihren Höhepunkt. Steinruinen von Häusern inmitten einer leeren Landschaft und die verbreiteten Schafherden auf den Hebriden sind noch heute eine sichtbare Folge. Mit den Clearances und der Entvölkerung ganzer Landstriche endete das Clan-Wesen in Schottland und damit auch auf den Western Isles. Die Wirtschaft der Inseln kollabierte mit Beginn der Industrialisierung des 19. Jahrhunderts, da Handwerker keine Abnehmer mehr für ihre handgefertigten Waren fanden. Die Landlords gingen in Folge dessen vielfach Konkurs, Clan-Chefs verloren ihren Grund und Boden an ihre Kreditgeber. In den 1840er Jahren brach über die Inseln die Kartoffelfäule herein, viele Schotten bzw. Insulaner wanderten nach Amerika und Australien aus.

Verschiedene (Land-)Reformen nach 1850 brachten keine Änderung der misslichen Lage, immer wieder kam es zu Unruhen, wie z.B. auf Bernera 1874, auf Lewis 1887 oder auch in Aiginis on Point 1888. Erst nach dem 1. Weltkrieg mit dem „Land Settlement Act" für die heimkehrenden Soldaten begann eine langsame Erholung des Wirtschaftslebens auf den Äußeren Hebriden.

Bild rechts: Der Broch Dun Carloway ist einer der besterhaltendsten in Schottland. Dieser hier auf der Insel Lewis war bis in das Mittelalter hinein bewohnt.

GARMIN
SELENE

Die Äußeren Hebriden heute

Die Äußeren Hebriden heute

Anreise per Auto, Flugzeug und Fähre

Da es auf den Britischen Inseln kein kontinentales Festland hat, nutzen die Briten für ihre Hauptinsel (England, Wales und Schottland umfassend) die Bezeichnung „Mainland“ (Hauptland). Und so erreicht man vom „Mainland“ aus die Äußeren Hebriden mit dem Auto von den Fährhäfen via Oban nach Barra (Castelbay) oder nach Lochboisdale (Süd Uist), saisonal auch von Malaig nach Lochboidale, sowie von Uig auf Skye nach Tarbert auf Harris oder auch Lochmaddy, sowie von Ullapool nach Stornoway.

Einziger Anbieter für diese Fährverbindungen ist die Gesellschaft „CalMac Ferries“. Die Tickets lassen sich online buchen oder per Telefonhotline. Es gibt diverse Kombitickets, u.a. das „Inselhopping“ (die sog. „Hopscotch“) zu, von und zwischen den Äußeren (wie Inneren) Hebriden. Der Service per Telefonhotline wie E-Mail ist prompt und schnell, Anfragen zu Verfügbarkeiten von Plätzen für Autos auf den Fähren werden telefonisch direkt oder per E-Mail in der Regel binnen Stunden beantwortet. Keine Angst vor der Telefonhotline mit geringeren Englisch-Kenntnissen: Die Berater erkennen sehr schnell, ob und wie gut die sprachlichen Möglichkeiten sind - im Fall der Fälle wird umgehend auf langsames wie sprachlich gut verständiches „Oxford-English“ umgeschwenkt.

Bild links oben: Ullappool ist der nördlichste Hafen, um auf die Äußeren Hebriden (nach Stornoway) zu gelangen. Der Ort ist über die A835 von Inverness aus schnell und gut erreichbar.
Bild links unten: Oban ist ein quirrliges Hafenstädtchen am Firth of Lorn. Der Hafen ist Ausgangs- wie Endpunkt für diverse Hebriden-Insel-Fährverbindungen, insbesondere nach Mull und Barra.
Bild unten: Zwischen Ullapool und Stornoway sind einige Fähren sogar mit zwei Ebenen ausgestattet, um PKW wie LKW von und zu den Äußeren Hebriden zu transportieren.

Um die Vielfalt der Äußeren Hebriden entdecken zu können, empfiehlt sich die „Nord-Süd-Route“ per Buchung des „Hopscotch 8“ mit den Fährverbindungen von Ullapool nach Stornoway, von Harris nach Berneray, von Eriskay nach Barra und von Barra nach Oban. In dieser Reihenfolge gelangt man zum einen auf der Rückfahrt auf dem schnellsten Weg zu den Flughäfen von Glasgow und Edinburgh - bzw. sind am Ende des Urlaubs bei Anreise mit dem eigenen Auto die Autobahnen nach Süden schneller zu erreichen. Außerdem bietet das quirllige Hafenstädtchen Oban eine gute Möglichkeit, nach der weitgehend „menschenleeren“ Tour sich wieder an die „große weite Welt“ zu gewöhnen.

Als Alternative kann man mit dem Flugzeug auf die Äußeren Hebriden gelangen. Neben Stornoway ist auch auf Benbecula ein „herkömmlicher“ Flughafen vorhanden. Diese werden u.a. von Glasgow aus angeflogen. Ein Erlebnis der besonderen Art ist allerdings der „International Airport Barra“: Ein kleiner Tower, ein kleines „kuscheliges“ Terminal mit „Check Inn“ und einem „Airport Cafe“ - und die Flieger haben als Start- und Landebahn den vorgelagerten Strand. Etwa zwei mal am Tag (je nach Ebbe bzw. Flut) startet und landet ein Flugzeug von und nach Glasgow - allerdings hat es wohl mehr Schaulustige am Strandrand bzw. Flughafenparkplatz, wenn die Propellermaschinen auf den weiten Sandflächen der Bucht, die durch die Ebbe freigelegt werden, starten und landen. Aufwärmen kann man sich bei „bestem schottischen Wetter“ auch im Airport Cafe, das ein breites Angebot an kalten wie warmen Speisen, Tee und Kaffee hat.

Bild unten: Der Flughafen von Barra - seit Juni 1936 starten und landen auf dem weitläufigen wie ebenen Strand bei Ebbe die Flugzeuge. Der Flughafen ist eine Touristenattraktion - meist sind mehr Zuschauer für die Start- und Landezeit vor Ort als Passagiere ein- und aussteigen.

Sinkende Einwohnerzahlen trotz viel Engagement

Nur 14 Inseln der Äußeren Hebriden sind heute (noch) in irgendeiner Art besiedelt. Die meisten sind seit jeher unbewohnt, haben nur noch verlassene Fischerhütten oder alte „Blackhouses" - in der Regel nur noch Ruinen der Grundmauern. Auf den bewohnten Inseln finden sich kleine, aber weitläufige Ortschaften mit jeweils ein paar Dutzend Einwohnern, der Fährhafenort Lochboisdale auf South Uist hat z.B. nur etwa 300 Bewohner. Zwar leben auf den Äußeren Hebriden etwa 28.000 Menschen, doch allein etwa 8.000 von Ihnen wohnen in Stornoway auf Lewis, somit die bedeutendste und größte Stadt der Hebriden und auch Verwaltungssitz der „Na h-Eileanan an Iar" (Western Isles). Lewis ist mit einer Gesamteinwohnerzahl von knapp 20.000 am dichtesten bewohnt, etwas mehr als 1.900 sind es auf Harris, auf South Uist leben etwas weniger als 1900 Menschen, rund 1.600 auf North Uist, gefolgt von Benbecula mit rund 1.300 Bewohnern sowie Barra und Vatersay (ca. 1260 Einwohner). Die rund 280 Siedlungen der Äußeren Hebriden sind keine Dörfer oder Städte, sondern sogenannte „Townships", da die Ortschaften mit Ausnahme der Fährhafenstädte keine enge, sondern eine sehr weite Bebauung aufweisen - sei es Dank ausreichend Platz, historisch bedingt - oder weil man heutzutage gerne Abstand zum Nachbarn hält. Der Rückgang der Einwohnerzahlen auf den Äußeren Hebriden konnte trotz aller Entwicklung bislang nicht gestoppt werden: in den letzten 60 Jahren ging die Zahl der Bewohner um mehr als 5.000 zurück, 13 Inseln wurden seit 1961 aufgegeben und sind seither unbewohnt.

In Lochboisdale wurde vor wenigen Jahren mit Millionenaufwand der Fährhafen saniert, eine Marina angelegt, Geschäftshäuser direkt am Kai gebaut. Doch trotz dieser Investitionen stehen nahezu alle „Gewerbeeinheiten" leer, die alternde Gesellschaft auf South Uist ist „nicht scharf" auf Veränderungen: „Uns fehlen junge Menschen mit Ideen, Mut, Engagement und Willen etwas Neues zu entwickeln und aufzubauen. Kommt jemand und will etwas aufbauen, hat er es schwer mit den Einheimischen in Kontakt zu kommen", so George aus Lochboisdale auf Nachfrage. Auch in Tarbert auf Harris ein ähnliches Bild: „Unser Reparaturbetrieb für Fischereizubehör sucht verzweifelt Mitarbeiter. Er will und muss wegen hoher Nachfrage expandieren und findet trotz hohem Lohnangebot keine neuen Angestellten", so Kenny - ein Langusten-Fischer von Scalpay. Zuverlässige Personen für das Housekeeping für ein Bed & Breakfast oder Hotel zu finden kann schnell einmal Monate brauchen: „Mit dem Brexit wird es noch schwieriger, wenn niemand vor Ort bereit ist die Arbeit zu übernehmen, aus der EU Personal anzuwerben!", so die Aussage von einem B&B-Betreiber. Auch die Stellenanzeigen der Harris-Distillery in Tarbert zeigen den Bedarf an Nachwuchs und qualifiziertem Personal. Dennoch kämpfen viele Insulaner täglich um ihren Lebensstandard. Oftmals braucht es mehrere Jobs in der Familie: So ist die Ehefrau nicht nur Krankenschwester, sondern betreibt nebenher mit einem B&B ihr zweites Standbein, während der Mann als Fischer auf See ist oder sich um Schafe oder Rinder kümmert.

Mit ein Problem für die persönliche Entscheidung eines Zuzugs auf die Inseln dürfte mit Sicherheit die ärztliche Versorgung auf den Äußeren Hebriden sein. Zwar hat der britische NHS (National Health Service) in allen größeren „Townships" eine ärztliche Praxis. Doch diese sind in der Regel nicht ständig besetzt. Schwere Erkrankungen können nur auf dem „Mainland" behandelt werden.

Immerhin: die Schulen und Kindergärten sind fast ausnahmslos in einem neuen bzw. modernen Zustand, Spielplätze mit einem großzügigen Angeboten für Kleinkinder ausgestattet. Letztlich zu sehen sind aber nur wenige Kinder auf den Inseln - die Kinder-Infrastruktur ist eindeutig auf „mehr" ausgelegt.

Stark verwurzelt und gelebt wird der christliche Glaube: Während Lewis und Harris überwiegend Anglikanisch-Clavinistisch geprägt sind, sind Süd-Uist und Barra katholisch. Es gibt nicht nur viele Kirchen - sie sind auch durch viele Gottesdienste „in Benutzung". Folge: Sonn- und Feiertags sind ob der strengen kirchlichen Regeln die Spielplätze „geschlossen".

Wirtschaft der Äußeren Hebriden

Wirtschaftszweige der Hebriden

Eine digitale Infrastruktur mit Nord-Süd-Gefälle

Der Ausbau der digitalen Infrastruktur der Inseln ist vor allem auf Lewis inzwischen sehr gut, vielfach beträgt die Übertragungsgeschwindigkeit bis zu 50 Mbit/s, schnelles mobiles LTE ist nahezu flächendeckend vorhanden. Nach Süden hin werden die Leitungen aber immer „lahmer", dies gilt auch für das Mobilfunknetz. Vor allem auf South Uist zeigt das Mobiltelefon auch im Jahr 2018 noch „kein Netz" oder nur „GPRS" an, in den Häusern beträgt die Anbindung per Festnetz nur etwa 5 Mbit/s. Doch der Ausbau schreitet zügig voran, vielerorts ist die BT dabei, neue Leitungsmasten aufzustellen und Häuser anzuschließen.

In der digitalen Steinzeit ist man auch 2018 leider (noch) auf der Insel Barra: kaum Mobilfunknetz (bestenfalls Edge), Internetverbindung in der Regel nicht möglich, die Anschlüsse in B&B, Guesthouses wie Cafés sind gefühlt nur marginal über ISDN-Geschwindigkeit (zwischen ein und bestenfalls sechs Mbit/s Downloadgeschwindigkeit) und brechen immer wieder zusammen. In Castlebay empfiehlt sich daher der Besuch des kommunalen „Barra-Shop" im Ortszentrum: neben handgerfertigten Produkten von der Insel und den Basics an Lebensmitteln gibt es auch eine kleine Internet-Café-Ecke. Drei britische Pfund je 30 Minuten für stabile fünf bis sechs Mbit/s für die Spendenkasse - oder fleissig denselben Betrag in Tee, heiße Schokolade oder Kaffee umsetzen, dann kostet „die Nabelschnur an die Welt draußen" nichts extra.

Lachs, Muscheln, Schellfisch & Langusten

Mit der größte Arbeitgeber der Äußeren Hebriden sind die Aquakultur und die Hochseefischerei. Neben Lachs und Schellfisch („Haddock" für das bei den Briten so beliebte „Fish & Chips") sind Muscheln und Langusten die überwiegenden Meerestiere, die gefangen (oder gezüchtet) werden. Mehr als 1000 Menschen arbeiten in diesem Gewerbezweig, weitere ca. 550 Menschen leben auf den Äußeren Hebriden vom Fisch-Farming (Fischzucht).

Auch wenn mehr als 90 Prozent der Fänge exportiert werden: Meeresfrüchte sind in allen Pubs & Restaurants der Inseln auf den Menükarten bei den „Starters" und „Mains" tonangebend. Wenngleich viele Insulaner Fisch nicht mehr sehen können und gerne mal auf Lamm, Rind oder Hirsch ausweichen, aber das ist angesichts eigener Jagden auf den Inseln auch kein Problem.

Bilder unten: Langusten (links) sind auf den Äußeren Hebriden auf nahezu allen Speisekarten von Restaurants zu finden, ebenso Lachs und Schellfisch. Auch die Jakobsmuscheln sind eine Spezialität auf den Inseln - mit frischem Knäckebrot und „smoked" zubereitet ein wahrer Genuß!

LADY MIA

Harris Tweed
THE HARRIS TWEED AUTHORITY
CERTIFICATION TRADE MARK
HARRIS TWEED
HAND WOVEN IN THE OUTER HEBRIDES

Harris Tweed
THE HARRIS TWEED AUTHORITY
CERTIFICATION TRADE MARK
HARRIS TWEED
HAND WOVEN IN THE OUTER HEBRIDES

HarrisTweed - made by the Western Isles

„HarrisTweed“ ist ein geschützter Markenname und das wichtigste Exportgut der Inseln. HarrisTweed darf, seit 1993 gesetzlich geregelt, nur auf den Äußeren Hebriden hergestellt werden: "Harris Tweed is cloth that has been handwoven by the islanders of Lewis, Harris, Uist and Barra in their homes, using pure virgin wool that has been dyed and spun in the Outer Hebrides". Heisst übersetzt: „Harris-Tweed ist ein von den Insulanern von Lewis, Harris, Uist und Barra in ihren Heimen handgewebter Stoff aus reiner Schurwolle, die auf den Äußeren Hebriden gefärbt und versponnen wurde.“ So gibt es auf den Inseln mehr als 250 „Weber und Weberinnen“, die ihr täglich Brot mit der Herstellung des begehrten Stoffs in Heimarbeit auf einfach- bzw. doppeltbreiten Webstühlen verdienen. Im Anschluss wird der frisch gewebte Stoff bei einer der drei auf Lewis beheimateten „Woolen Mills“ abgeliefert. In den Mühlen erhält der Stoffen sein „finish“ in Form von walken, danach ist es der allseits bekannte Harris Tweed mit seiner nahezu unverwüstlichen Eigenschaft. Am Ende des Prozess in der „Woolen Mill“ wird der Stoff mit dem bekannten Siegel (Orb trademark) gestempelt. Der gesamte Prozess der Herstellung wird von der Harris Tweed Authority überwacht. Sie stellt sicher, dass nur „echter Harris Tweed“ mit dem Orb gestempelt wird. Aus dem fertigen Tweed werden von Künslern und Handwerkern auf den Inseln begehrte Kleidungsstücke wie Sakkos, (Schotten-) Röcke, Hüte, Handschuhe, Westen und Accessoires wie Handtaschen, Schuhe und Wohnaccesoires wie Vorhänge, Kissen und Polstermöbel hergestellt, welche mittlerweile in mehr als 50 Ländern weltweit verkauft werden.

Der Harris Tweed als Stoffballen selbst wurde und wird weltweit verkauft. Mittlerweile ist er wieder ein Luxusprodukt, nachdem es lange Zeit so aussah, dass dieses Handwerk und seine Herstellung aussterben würde. Durch die Beibehaltung fundamentaler wie historisch überlieferter Herstellungsprozesse und Muster sowie die Überführung der alten Muster in die heutige Zeit und dem aktuellen Mode-Geschmack, entstand ein besonderer Stoff für die heutige Zeit. Produkte, welche die Bezeichnung bzw. das Siegel „Harris Tweed“ tragen, sind zu 100% aus dem Stoff, welcher auf den Inseln produziert wurde. Bei der Herkunft der Wolle ist die „Reinheit“ allerdings nicht (mehr) gegeben: diese stammt nur noch „überwiegend“ von Schafen der Äußeren Hebriden, so manches Wollvlies wird auch auf den Inneren Hebriden bzw. in Schottland zugekauft. Dennoch gilt: die Wolle ist 100% schottischen Ursprungs. Die Einzigartigkeit des Harris Tweed ist aber nicht nur in der reinen Schurwolle der Inseln zu suchen, sondern liegt auch in der Verarbeitung: Die Wolle wird wirklich „in der Wolle“ gefärbt, d.h. die Wolle bzw. das Wollvlies wird vor dem Spinnen gefärbt - im Gegensatz zum Färben von gesponnenem Garn. Dies bedeutet, dass die Weber verschiedenfarbige Wollen mischen können, um eine Vielzahl von komplexen Schattierungen, Abstufungen und Farbtönen zu schaffen. Die historischen natürlichen Farbstoffe aus der Natur können für die heutzutage produzierten Mengen nicht mehr verwendet werden, da die Vegetation geschützt ist. Die Färbung wird daher mit synthetischen Farben durchgeführt. Harris Tweed ist dennoch Dank des absorbierenden Produktionsprozess des VOC („volatile organic compound“) ein umweltverträgliches Textil, nicht-allergen und biologisch abbaubar.

Die Geschichte des „Harris Tweed“ kann man auf Lewis in Stornoway in der Town Hall direkt am Hafen bei der „Harris Tweed Authority“ (www.harristweed.org) von Montag bis Freitag von 10 bis 16 Uhr in einem kleinen Museum erforschen. Es wird lediglich um eine Spende von 2£ gebeten. Die Herstellung des Stoffes wird an traditionellen Webstühlen donnerstags von 14 bis 15 Uhr und freitags von 14.30 bis 15.30 Uhr gegen eine Gebühr von 3£ (Preis 2018) vorgeführt und erklärt. Einige Webereien der Äußeren Hebriden bieten übrigens Führungen für Besucher an, so dass man die Herstellung der Stoffe direkt erleben kann. Auch gibt es für gewöhnlich kleine Verkaufsräume, in denen man einfarbige, mehrfarbige bzw. „schottisch gemusterte“ Stoffe als Meterware erwerben kann. Es braucht am Ende also nur handwerkliches Geschick, sich seine eigenen Kleidungsstücke aus echtem Harris Tweed zu fertigen. Je „farbenprächtiger“ früher übrigens ein Einwohner der Äußeren Hebriden daherkam, um so höher war sein gesellschaftlicher Status - und je mehr Farben der Stoff in seinem Muster aufwies, um so reicher und bedeutender war die Familie.

Tourismus entwickelt sich immer schneller

Neben der weltweit bekannten Handelsmarke „HarrisTweed“ ist die weitere Haupteinnahmequelle der Äußeren Hebriden der Tourismus: 2015 besuchten rund 218.000 Menschen die Inseln, Tendenz steigend. Allein bis 2020 rechnet der Tourismusverband mit einem Anstieg der Übernachtungszahlen auf mehr als 260.000 pro Jahr, was binnen fünf Jahren einer Steigerung von rund 20 Prozent entspricht.

Da die Übernachtungsmöglichkeiten in der Regel auf „Bed & Breakfast“ und Guesthouses beschränkt, Hotels und Jugendherbergen rar sind, wird es vor allem in den Sommermonaten auf den Inseln schon mal eng (und vor allem teuer) - trotz Übernachtungspreisen von etwa 70 bis 130 Britischen Pfund Sterling (Preise 2018). In der Vorsaison (bis Mai) wie Nachsaison (ab September) wiederum wird die Suche nach Gastgebern mit freien Betten trotz weniger Touristen nicht unbedingt einfacher: Dank geringerer Bettenzahlen (auch die Insulaner wollen Urlaub machen) wird die Suche nach einer Bleibe für einen längerer Aufenthalt mit Ausnahme von Ferienhäusern (Selfcatering Cottages) ebenso schwierig sein.

Um in einem Urlaub möglichst viel von den Inseln „erfahren“ und erleben zu können, empfiehlt sich grundsätzlich der Ortswechsel nach etwa drei bis vier Nächten. Ferienhäuser empfehlen sich erst beim wiederholten Besuch, wenn man seine Lieblingsregion erkoren hat und der Forschungsdrang nach „mehr“ ein wenig nachgelassen hat. Die Qualität der Ferienhäuser („Cottages“) ist sehr unterschiedlich: Vom Luxus-Blackhouse (wie im Gearrannan Blackhouse Village) über Luxus-Neubauten im Stil eines Whitehouse oder modernem Holzhaus im Norwegenstil gibt es weiterhin die alten Steinhäuser mit Dachschindeln mit typisch britischem Style des ausgehenden 20. Jahrhunderts. Entsprechend können hier die Wochenpreise in der Hauptsaison rasch auch mal in den satten vierstelligen Pfundbereich wechseln. Wohl dem, der seinen Hebriden Urlaub lange im Voraus plant und bucht - spontanes Buchen vor Ort nimmt einem sonst die Zeit für Erkundungen und entspannte Ausflüge.

Woran man sich als Tourist auf den Äußeren Hebriden in jedem Falle gewöhnen muss, ist die Tatsache, dass auf den Inseln der Sonntag noch ein Sonntag ist: Die Geschäfte haben geschlossen (Kinderspielplätze ebenso), Busses fahren nicht, selbst Cafés haben vielerorts verschlossene Türen - nur Restaurants haben überwiegend geöffnet.

„Grüne Energie“ durch Windkraft

Wenn es etwas auf den Äußeren Hebriden im Übermaß gibt, dann Wind und Wellen. Kaum eine andere Region in Europa ist so windig. Windräder stehen bereits an vielen Orten auf den Inseln. Viele Gehöfte haben gar ihr eigenes (kleineres) Windrad installiert, um unabhängig von der allgemeinen Stromversorgung sein zu können. Der Hauptgrund der Gewinnung von Strom aus Windkraft ist auf den Äußeren Hebriden jedoch das Erreichen einer größeren Unabhängigkeit vom „Mainland“.

Durch den Tidenhub und Wellengang vor allem vor der nordwestlichen Küste von Lewis sollen in naher Zukunft Turbinen im Meer Strom erzeugen: bis 2020 soll die Stromproduktion durch diese Art der Energiegewinnung mehr als ein Gigawatt pro Jahr betragen.

Bild oben rechts: Traumwetter mit Traumblick in „The Machair Kitchen“ von Harris nach Luskentyre und Nord-Harris.
Bild rechts: Windräder auf den Äußeren Hebriden gleichen kaum denen der Windparks in Deutschland. Dezentralisiert, lokal und dem Bedarf angepasst stehen sie bei Gehöften und nahe den Townships.

san Àird
This Beautiful Place

Hopscotch 8

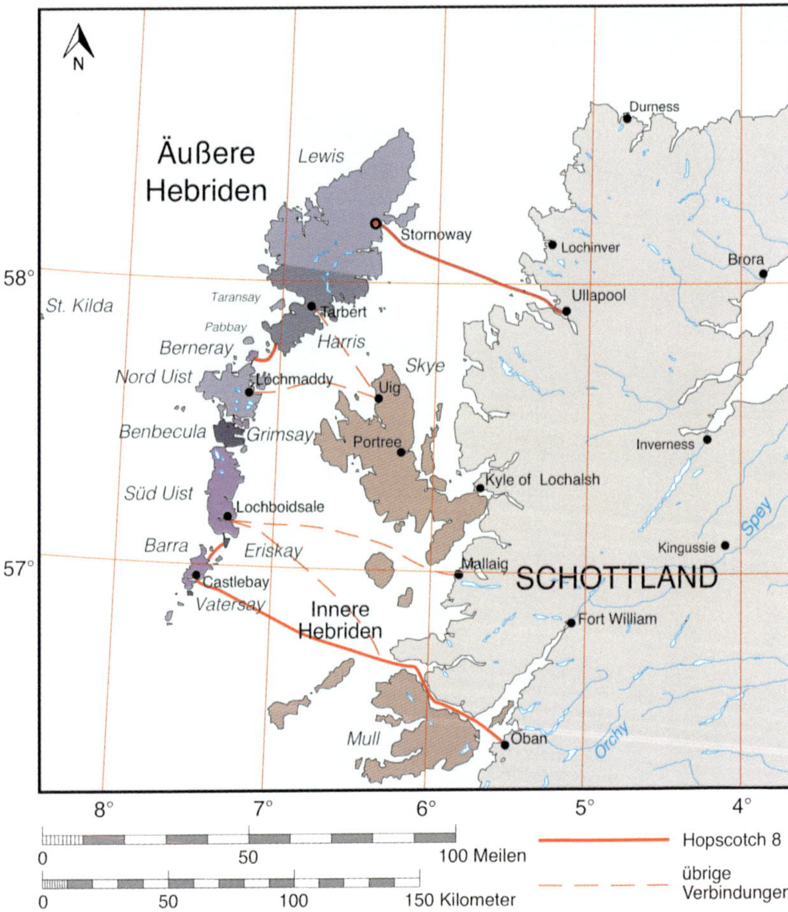
N
Äußere Hebriden
Lewis
Stornoway
Taransay
Tarbert
Pabbay
Harris
Berneray
Nord Uist
Lochmaddy
Uig
Skye
Benbecula
Grimsay
Portree
Süd Uist
Lochboidsale
Barra
Eriskay
Castlebay
Vatersay
Innere Hebriden
Mull
Oban
St. Kilda
Durness
Lochinver
Brora
Ullapool
Inverness
Kyle of Lochalsh
Spey
Kingussie
Mallaig
SCHOTTLAND
Fort William
Orchy
58°
57°
8°
7°
6°
5°
4°
0
50
100 Meilen
0
50
100
150 Kilometer
Hopscotch 8
übrige Verbindungen

Hopscotch 8

Die Fährrouten zu den Äußeren Hebriden

Um die „Hopscotch 8“ Route fahren zu können, gibt es wahlweise die Route von Süd nach Nord - oder eben von Nord nach Süd. Ausgangsfährhäfen sind auf dem „Mainland“ zum einen im Süden Oban (mit der Fähre nach Castlebay (Barra, Fahrtzeit knapp fünf Stunden), zum anderen im Norden Ullapool (mit der Fähre nach Stornoway (Lewis, Fahrtzeit knapp zweieinhalb Stunden). Auf diesen Seewegverbindungen werden vom Fähranbieter „Reederei Caledonian MacBrayne - Hebridean and Clyde Ferries“, kurz „CalMac“, mit die größten verfügbaren Autofähren des Unternehmens verwendet.

Während man auf Lewis von Nord- nach Süd-Harris bei Tarbert über eine Landbrücke gelangt, ist auf der Strecke des Hopscotch 8 von Leverburgh an der Südspitze von Harris nach Berneray (nahe dem Ort Borgh) eine Fähre notwendig (Fahrtzeit ca. eine Stunde). Von Berneray wiederum gelangt man nach Nord-Uist über einen Straßendamm, die Verbindungen zwischen Nord-Uist, Grimsay, Benbecula und Süd-Uist sind für den Straßenverkehr ebenso mit Dämmen gegeben. Der jüngste Straßendamm ist zwischen Süd-Uist und Ersikay zu finden. Nach Barra (Aird Mhor) nimmt man neuerlich die Fähre, abgehend von der Westseite von Eriskay (in Coilleag, Fahrtzeit ca. 45 Minuten). Vatersay ist ebenso per Straßendamm an Barra angebunden.

Des weiteren gelangt man zu den Äußeren Hebriden von Uig auf der Insel Skye wahlweise nach Tarbert (Harris) oder nach Lochmaddy (Nord-Uist), jeweilige Fahrtdauer ca. zwei Stunden. Eine weitere Verbindung besteht zwischen Oban und Lochboisdale (Süd-Uist), zeitweilig auch zwischen Mallaig und Lochboisdale. Während Ullapool-Stornoway und Castlebay-Oban nahezu bei jedem „Wind und Wetter“ bedient werden, fallen vor allem die mittleren wie „kleinen“ Verbindungen zu den Äußeren Hebriden nach Tarbert, Lochmaddy oder Lochboisdale eher mal aus. Deren Fähren werden bei technischen Ausfällen der Hauptlinien schnell einmal „abgerufen“. Dann werden Tarbert, Lochmaddy wie Lochboisdale sehr ruhig. Angst um sein Bett bei ausfallenden Fähren muss man selten haben: fährt kein Schiff, kommt auch kein Schiff - und damit sinkt das Risiko des Verlustes seiner Notübernachtung auf den Inseln bzw. in den Fährhäfen.

CalMac fährt mit einem Sommer- (April bis September) wie Winterfahrplan (Oktober bis März), entsprechend ausgedünnt sind die Fährverbindungen vor allem in den Wintermonaten - oder werden ganz gestrichen. Ganzjährig empfehlenswert ist bei einem Urlaub auf den Äußeren Hebriden im mobilen Zeitalter die Verfolgung des „Service Status & Info“ auf der Webseite von CalMac. Hier werden ausfallende Verbindungen (sei es technischer oder meteorologischer Natur), aber auch Verspätungen wie vorgezogene Abfahrtszeiten (z.B. aus Wettergründen) rund um die Uhr veröffentlicht.

Neu ist die CalMac-eigene App für iOS, Android und Blackberry - mit ihr kann man die Servicemeldungen per Warneinstellung jederzeit auf seinem Smartphone-Monitor empfangen (ausreichendes Mobilfunknetz natürlich vorausgesetzt - bekanntlich gibt es vor allem auf den südlichen Inseln noch einige Funklöcher).

Während auf den kurzen Zwischenverbindungen die Fähren nur einen warmen wie trockenen Aufenthaltsraum bieten, haben die Großfähren auf den Überseeverbindungen mehrere Decks mit unterschiedlichen Angeboten und Servicediensten wie einem Restaurant, in dem es ja nach Tageszeit warme wie kalte Speisen (Frühstück wie Mittag- oder Abendessen) gibt.

Alle Informationen zu dem mehr als 150 Jahre alten Unternehmen gibt es auch im Internet unter www.calmac.co.uk (Webseite in Englisch, Gälisch und Deutsch).

Beginn einer Reise

Für den Start in den „Hopscotch 8“ kann es wohl kaum einen besseren Ort geben als Ullapool. Das Städtchen wurde erst im Jahr 1788 als Fischerhafen für den Heringsfang gegründet und ist seit jeher Ausgangsort für die Fähren auf die Äußeren Hebriden.

Gelegen auf einer flachen Landzunge im Loch Broom, legt die Fähre nach Stornoway auf den Äußeren Hebriden für gewöhnlich zu einer humanen Zeit nach dem Scottish Breakfast ab. Mit einem Schwenker geht es Steuerbord in die Ausfahrt aus dem Fjord nach Nordwesten, raus auf den „Minch“, das offene Meer zwischen dem „Mainland“ und der Insel Lewis.

Grau die Schleier der tiefhängenden Wolken, der Nieselregen versiegt mit dem „Leinen los“ der Fähre, die umgehend nach Nordwesten über das Loch Broom in die offene See steuert.

Kaum hat man den schmalen Fjord vor Ullapool verlassen, erhebt sich aus den sich langsam auflösenden Wolken das 743 Meter hoch gelegene Bergmassiv des Ben Mor Coigach.

Mit dem Passieren der „Summer Isles“ verlässt die Fähre den Schutz des Mainlands und steuert über das freie Meer des Minch nach Nordwesten Richtung Stornoway.

Spätestens kurz vor der Hafeneinfahrt von Stornoway begleiten vielfach Delfine bzw. Tümmler die Fähren. Im Hafen der Stadt finden sich bei Ankunft der Fischer immer wieder auch Robben ein und sorgen für Showeinlagen bei der „Raubtierfütterung“.

Lewis

Lewis ist die größte Insel der Äußeren Hebriden, zugleich ist sie am populärsten und hat archäologisch mit den Steinkreisen, Menhiren und Brochs sehr viel zu bieten.

Die weiten inneren Flächen mit Moorland und Heideflächen mit den Farben grau-grün, grün, gelb, gelb-grau und heiderot dominieren.

Während die westliche Atlantikküste mit ihrer Wildheit erstaunt, ist der grünere Osten mit seinen Lochs spürbar windärmer.

Stornoway

Von den Wikingern gegründet

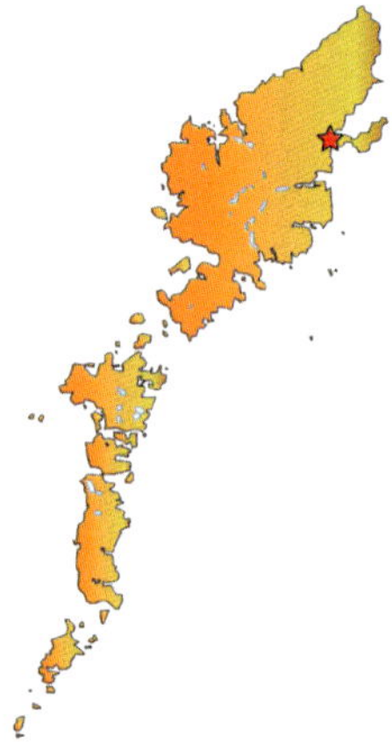

Stornoway ist der Hauptort auf der Doppelinsel Lewis mit Harris, rund 8.000 Einwohner leben hier. Zugleich ist Stornoway die Hauptstadt aller Inseln der Äußeren Hebriden.

Erste Siedlungsspuren der Region gehen auf die Steinzeit zurück, belegt durch einen Cairn nahe der Anhöhe Cnoc na Croich in der Parkanlage südwestlich von Lews Castle.

Offiziell gegründet wurde die Stadt mit ihrem geschützten Naturhafen im frühen 9. Jahrhundert n.Chr. von den Wikingern, überliefert ist der Name „Stjórnavágr". Im Mittelalter wurde der Ort mit einer Burg befestigt, die jedoch im 16. Jahrhundert zerstört wurde.

Architektonisches Highlight und Anziehungspunkt ist heute „Lews Castle", das Herrenhaus im Zentrum der Stadt direkt gegenüber des alten inneren Hafen. Das Herrenhaus wurde 1844 durch den Kaufmann James Matheson erbaut, in den Folgejahren ließ Matheson auch die weitläufigen Gärten und Parkanlage um Lews Castle anlegen. Heute ist das von 2012

Bild rechts oben: das Herrenhaus Lews Castle in Stornoway beherbergt seit 2016 das Inselmuseum
Bild rechts unten: die Parkanlagen von Lews Castle mit dem Golfplatz
Bild unten: der alte Naturhafen von Stornoway

HH
STORNOWAY
EMMA

bis 2015 umfangreich sanierte Herrenhaus Heimat des sehenswerten Inselmuseums, bietet Räumlichkeiten für Tagungen, Hochzeiten und Übernachtungsmöglichkeiten, ebenso befindet sich seit den 1950er Jahren auf dem Gelände das „Lews Castle College", das der „Highlands and Islands University" angehört. Das College arbeitet berufsorientiert, bietet Basisausbildungen für diverse Handwerksberufe, ist zugleich aber auch Universität für verschiedene Studiengänge. Viele dieser Angebote werden mittlerweile per Fernstudium angeboten: mehrere Räume sind für Online-Seminare technisch umgerüstet worden und erspart den Schülern bzw. Studenten der Inseln die langen Anfahrten zu Unterrichtsstunden und Vorlesungen.

Über Stornoway kommen heute die meisten Touristen auf den Äußeren Hebriden an, viele fahren nach der Ankunft umgehend weiter in das karge Hinterland oder nach Süden Richtung Harris zu ihren Urlaubszielen. Dabei ist der Ort durchaus einen Aufenthalt wert.

Im alten Hafen mit seinen Fischtrawlern tummeln sich immer wieder Kegelrobben, die bereitwillig von den Fischern mit den Resten aus ihren Boxen gefüttert werden. Am Hafenkai gibt es moderne Kunst zu sehen, wie z.B. den „Fishermen" des Künstlers Uisdean Paterson, aber auch „The Herring Girls" von Charles Engebretsen und Virginia Hutchinson.

Während die Innenstadt mit ihren (wenigen) Einzelhandelsgeschäften sowie Bistros und Restaurants in kurzer Zeit erkundet ist, sollte man vor allem dem Herrenhaus Lews Castle einen längeren Besuch abstatten. Hier ist seit 2016 das Inselmuseum mit der Geschichte

---

Bild links oben: Zirkusreife Einlagen liefern im alten Hafen von Stornoway die Kegelrobben
Bild links mittig: das Arnish Point Lighthouse im Hafen von Stornoway wurde von den Stevensons erbaut
Bild links unten: am neuen Außenhafen ist die Town Hall mit dem Harris-Tweed-Museum
Bilder unten: Lews Castle beherbergt nicht nur das Inselmuseum mit den „Lewis Cheesmen" sondern ist zugleich Tagungsstätte. Das Herrenhaus wurde von 2012 bis 2015 umfangreich saniert

der Äußeren Hebriden beheimatet. Man erfährt viel über die Lebensweise, die Geschichte und Herkunft der „The Lewis Cheesmen“, die lange Zeit die Inseln bestimmende Fischerei und die „Croftmen“, die mit ihren Webstühlen den weltbekannten Harris Tweed herstellen.

Direkt gegenüber dem Parkplatz am Hafen kann man in der Town Hall in den Räumlichkeiten der „Harris Tweed Authority“ (www.harristweed.org) die Entwicklung und Herstellung des „Harris Tweed“ von Montag bis Freitag von 10 bis 16 Uhr in einem kleinen Museum erforschen (siehe auch Seite 37).

Für seine Größe ist Stornoway an den Werktagen nicht nur in den Supermärkten und im Zentrum mit seiner Fußgängerzone sehr geschäftig, auch hat es überraschend viel Straßenverkehr. Etwas rarer sind die Angebote an Restaurants, wenn es darum geht ein wenig dem üblichen „im Fett ausgebackenen“ Fish&Chips entgehen will. Neben dem hervorragenden Digby Chick in der Bank Street (stolze 50 Meter lang), das mit als „beste Adresse“ der Stadt gilt und ohne Reservierung kein Tisch zu bekommen ist, kann man auch im Boatshed des Royal Hotel am alten Hafen in der James Street sehr gut speisen. Auch das Bistro „Lido“ zählt zu den besseren Adressen, jedoch ist es durch das offene Kochen hier eher etwas lauter.

Auch in Stornoway gilt: Sonntag ist Sonntag. Geschäfte haben nicht geöffnet, nur wenige (der im Vergleich zu anderen europäischen Städten wenigen) Cafes und Restaurants öffnen wenigstens stundenweise. Man kann dies auch von seiner positiven Seite sehen: Man hat die Möglichkeit die wortwörtliche sonntägliche Ruhe in den Straßen der Stadt zu genießen.

Bild links unten: die Martin´s Memorial Church im Zentrum von Stornoway.
Bild rechts unten: die Town Hall von Stornoway an der „South Beach Street“ am Hafen, im Hintergrund der Kirchturm der Martin´s Memorial Kirche.

Das Tiumpan Head Lighthouse auf 58° 15.60' Nord, 06° 08.30' West. Es wurde 1900 von David A. Stevenson erbaut und liegt auf der Rubha Peninsula westlich von Stornoway.

Garry Beach: Eine windgeschützte Sandbucht nordwestlich von Stornoway nahe dem Tolsta Head.

Schier unendlich wirkt die Moor- und Heidelandschaft auf Lewis entlang der A857 zwischen Stornoway und Barvas.

Die Steinsetzungen von Steinacleit an der A857 zwischen Barvas und Port of Ness. Statt eines reinen Steinkreises lässt sich die Anordnung ebenso als prähistorische Siedlung mit einem Verteidigungsring oder Einfriedung für die Tiere interpretieren.

Am nördlichen Ortsende von Barvas liegt abseits der A857 die Galerie „Morven". Künstler der Hebriden stellen hier aus. Um über Kunst und Sinn diskutieren zu können - oder die Kaufentscheidungen reifen zu lassen - bietet das hauseigene Kaffee genügend Zeit und Muße.

Prähistorische Steinsetzungen

An der A857 zwischen Barvas und Port Ness kurz vor der Nordostspitze von Lewis finden sich zwei prähistorische Steinsetzungen.

Der Menhir von Triuseil nahe der nordwestlichen Atlantikküste ist der höchste stehende prähistorische Stein von ganz Schottland. Rund sechs Meter ragt er in die Höhe.

Faszinierend der nur wenige Minuten entfernt liegende Steinkreis von Steinacleit. Er liegt auf einer Anhöhe, von der sich weite Blicke auf den Atlantik und auf die unendlich wirkenden Moorflächen von Nord-Lewis ergeben. Der Steinkreis wurde anfangs als heiliger Ort interpretiert. Die Anordnung der Steine im Zentrum des Zirkels sowie der rundum verlaufende Steinkreis haben viele Archäologen inzwischen zu der Interpretation einer Siedlung gebracht: Die inneren Steine könnten Reste von Häusern sein, der Steinkreis die Einfriedung.

Der Menhir von Triuseil

Die Borgh Pottery (www.borgh-pottery.com) liegt direkt an der A857 kurz vor Ness. Der Fokus liegt auf Design-Keramik und Keramik-Accessoires (wie z.B. Vasen, Krüge und Lampenfüße). Auch werden Accessoires von Künstlern aus der Umgebung angeboten. Produziert wird im Verkaufsraum, bei schlechtem Wetter kann man gerne entspannt einen Kaffee oder Tee genießen - selbstverständlich in den hauseigenen Tassen.

Ness und der Butt of Lewis

Die Nordspitze von Lewis

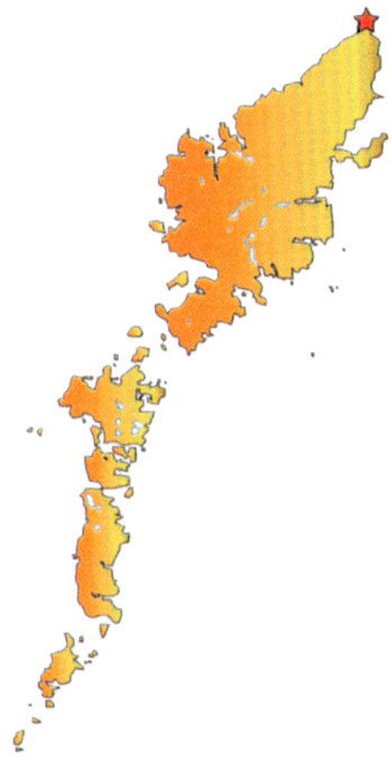

Folgt man der A857 Richtung Norden, gelangt man unweigerlich an die rauhe Atlantikküste an der Nordspitze von Lewis. Der Ort Ness ist eine lose Sammlung vieler Häuser und Gehöfte und ist Heimat für rund 1.100 Menschen und somit einer der größten Orte auf den Inseln.

Neben Künstlergalerien (wie z.B. von dem international bekannten Maler Anthony Barber nahe dem Hafen in der „Harbour View Gallery", er steht übrigens für gewöhnlich selber im Verkaufsraum) finden sich in dem weitläufigen Ort viele kleine Handwerksbetriebe, die sich mit Harris Tweed, Wollprodukten, Accessoires und Steingutkeramik Mühe geben, altes Kunsthandwerk am Leben und auf der Insel zu halten, sowie ihr täglich Brot mit den Touristen zu verdienen. Während der Sommersaison sind sie auch regelmäßig geöffnet, in der Vor- und Nachsaison wird dies schon schwieriger. Entweder haben sie bereits geschlossen, kommen entspannt später an weil sie wegen des schlechten Wetters und dem Gedanken „es kommt eh keiner" ausgeschlafen haben - oder man ruft einfach die an der Tür angegebene Telefonnummer an, um kurze Zeit später Einlass zu erhalten. „Slow down" ist das Prinzip an diesem abgelegenen Zipfel der Zivilisation.

Am Hafen lädt ein Café zum Aufwärmen und Teetrinken ein, das „Ness Fischery Memorial"

Malerisch liegt der Ort Ness an der Nordostküste von Lewis.
Allerdings hängt an vielen Häusern das Schild „For Sale" (zu verkaufen).

bietet mit seinen Sitzgelegenheiten einen halbwegs windgeschützten Sonnengenuß - und die Möglichkeit ein wenig über die Fischereigeschichte des Ortes zu erfahren.

Die zerklüftete Küste rund um Ness lädt zum Wandern ein, viele Pfade ziehen sich links und rechts des Ortes nach Norden wie nach Süden. In den engen Buchten leuchtet der helle Sand, im Sonnenlicht verfärbt sich das sonst vielfach dunkle graublau des Atlantik in ein faszinierendes Südsee-Türkis. Was es rund um Ness allerdings immer hat, ist Wind. Die exponierte Lage mitten im hier deutlich rauheren Atlantik lässt die Luft kaum zur Ruhe kommen - brandende Wellen an den Felsen und auf den Stränden sind die Folge, ein Naturschauspiel, wie man es auf den Äußeren Hebriden kaum besser erleben kann.

Der „Must see Point of Interest" ist allerdings die Nordspitze von Lewis: Der „Butt of Lewis". Es ist der nördwestlichste Punkt der Hebriden bzw. von ganz Europa (wenn man einmal von Island absieht). Erreichbar ist der Butt über schmale Straßen mit wenig Beschilderung - ein wenig Orientierungssinn ist gefragt. Hat man diesen „europäischen Außenposten" auf 58°30'92 Nord und 6°15'71 West erst einmal erreicht, stehen am Parkplatz mit dem knapp 37 Meter hohen Stevenson-Leuchtturm aus dem Jahr 1862 zum einen Reisebusse, bei denen man sich fragt, wie sie über die schmale Single-Track-Road zu diesem Punkt gelangt sind - zum anderen raubt einem die Landschaft den Atem.

War bereits die Bucht von Ness ein Grund des längeren Betrachtens, wird es am Butt of Lewis sinnbetörend. Wilde Klippen, tosendes Meer, heftige Windböen, saftiges Gras - und bei Sonnenschein ein glänzendes Weiss des Anbau des roten Backstein-Leuchtturms: die Umgebung am Butt ist einen längeren Aufenthalt mit Wanderung wert. Nur schweren Herzens steigt man wieder ins Auto, der Chip einer Digitalkamera droht bei gutem Wetter hier schnell an seine Grenzen zu stoßen.

Das besondere am Leuchtturm am Butt of Lewis ist übrigens, dass der Turm seit seiner Erbauung mit seinen roten Ziegelsteinen weder aufwändig restauriert werden musste noch einen frischen Farbanstrich erhalten hat - und das trotz des rauhen Klimas und dem Seewasser, dem er seither ausgesetzt ist.

Der Leuchtturm am Butt of Lewis wurde 1862 von der Stevenson-Familie errichtet. Er ist 120 Fuß (36,5 Meter) hoch, ist aus Ziegelsteinen gemauert - und hatte seither trotz des Extremwetters außer Wartung und technischen Neuerungen keine frische Farbe nötig.

Wild und ungezähmt - der Atlantik am Butt of Lewis.

Der Strand der Bucht Cunndal - diese liegt nordwestlich von Ness.
Den Strand erreicht man vom Parkplatz des Kindererlebnispark am Rand der Dünen.

Der Hafen von Ness - die wuchtige Kaimauer zeigt,
dass der Atlantik hier auch „anders“ kann als flach & türkis.

Die „Harbour Gallery“ oberhalb des Hafen von Ness. Künstler Anthony Barber steht meist selber im Verkaufsraum. Seine Gemälde von den Hebriden sind weltweit begehrt.

Blackhouses und Whitehouses

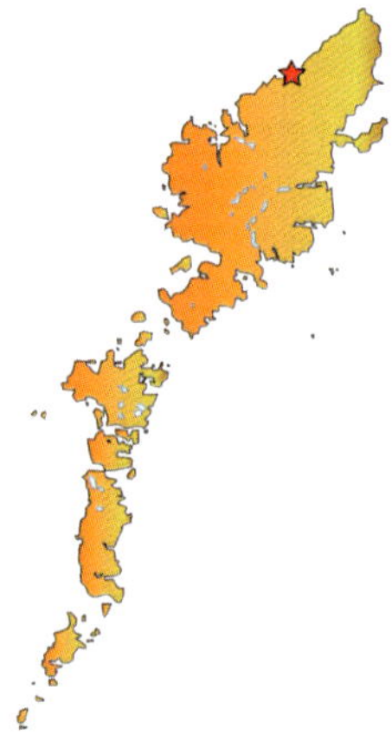

Das Wohnen war auf den Äußeren Hebriden vom Mittelalter bis Ende des 19. Jahrhunders geprägt von den sog. „Blackhouses". Danach wurden sie von den „Whitehouses" abgelöst, von denen auch heute noch einige genutzt werden, während die „Blackhouses" seit etwa 50 Jahren aufgegeben und dem Verfall preisgegeben wurden.

Der Aufbau der „Blackhouses" erinnert ein wenig an die Langhäuser der Wikinger - wenngleich auf den Äußeren Hebriden kaum Holz zur Verfügung stand und daher nur für die Dachkonstruktion genutzt wurde. Die Wände wurden als doppelwandiges Trockenmauerwerk hochgezogen, der Zwischenraum mit Erde und Torf verfüllt. Für die Dachdeckung wurden die wenigen tragenden Holzbalken mit Schilf, Stroh und Grassoden zu einem geschlossenen Dach zusammengefügt und mit Netzen wie Seilen zusammengehalten, Steine beschwerten das Konstrukt. Durch die geringe Höhe boten die „Blackhouses" den Winden nur wenig Angriffsfläche. Der Boden war entweder gestampfter Lehm oder mit Steinplatten belegt. Mittig im Wohnraum eine Feuerstelle, die mit getrocknetem Torf permanent am brennen gehalten wurde, der Rauch wurde direkt durchs Dach abgeleitet. Ein zweiter anschließender Raum, der durch eine Wand aus Holz abgetrennt ist, wurde als Schlafzimmer für die Familie genutzt, der dritte Raum des Langhauses diente als Stall für das Vieh.

Bild unten & oben rechts: Das Arnol Blackhouse Museum.
Kleine Bilder rechts: Wohnraum (links oben) und Stall (links unten) im Arnol Blackhouse, rechts daneben die Einrichtung eines Whitehouse, wie es im 19. und 20. Jahrhundert auf den Hebriden üblich war.

Ende des 19. Jahrhunderts setzten sich auf den Hebriden zunehmend die gemauerten „Whitehouses" durch, deren Dächer mit Schindeln gedeckt wurden. Neben dem Erdgeschoß wurde vielfach auch das Dach ausgebaut, Wohnen, Schlafen und Küche voneinander getrennt. Heute wird vielfach typisch britisch gebaut, zunehmend setzen sich aber auch nordische Holzhäuser und Architektenhäuser auf den Äußeren Hebriden durch.

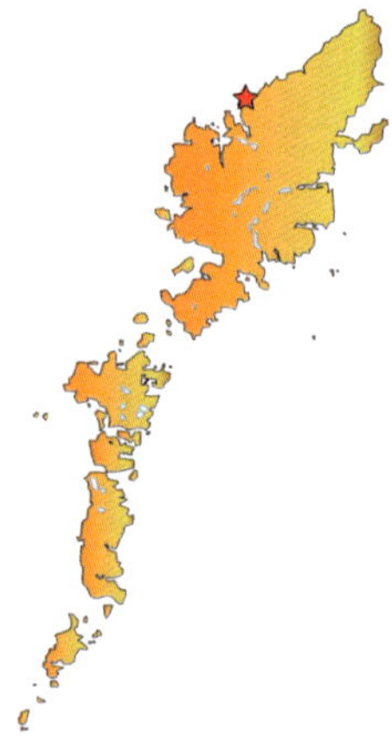

Historische „Blackhouses" und ein „Whitehouse" kann man im „Blackhouse Museum Arnol" nahe der A858 am Ort Bragar besichtigen. Besonders sehenswert ist das Museumsdorf „Gearrannan Blackhouse Village": Hier stehen mehrere Blackhouses, zwei von ihnen können besichtigt werden, ebenso wird an einem Webstuhl die traditionelle Arbeit eines „Craftsman" gezeigt. Im Gegensatz zum Museum in Arnol, wo die Blackhouses in Einrichtung und Darstellung nur das 18. Jahrhundert angelehnt sind, sind die Häuser in Gearrannan dem 17. bis 19. Jahrhundert zuzuordnen.

Auch besteht in Gearrannan die Möglichkeit, ein Blackhouse für den Urlaub zu buchen: Außen ein Blackhouse, Innen ein modernes Ferienhaus, aufgeteilt jedoch wie im Mittelalter, die aufrechte Höhe zum Stehen kann man nur in der Hausmitte erreichen. Wen es nicht stört seinen Urlaub in einem Museum zu verbringen - es ist mit Sicherheit trotz moderner Einrichtung ein besonderes Erlebnis!

Bilder rechts oben und unten: das Gearannan Blackhouse Village - Museum und Feriendorf in einem.
Bild unten: Webstuhlvorführung in Gearannan.

Bevor man Stornoway auf der A859 Richtung Harris verlässt, zweigt unscheinbar rechter Hand die A858 nach Achmore ab. Auf halber Strecke hält man sich erneut rechter Hand und gelangt so auf die Single-Track-Road nach Carloway durch Moor und Heidefluren.

Bei gutem Wetter kann man hier im Herzen von Lewis im Süden die Berge von Nord-Harris sehen, davor unendliche Weiten mit Moor, Heide und Lochs - Highlandfeeling pur!

Die Einsamkeit der Heide- und Moorflächen im Herzen von Lewis - beim Verharren in Windstille im Sommer ist man allerdings rasch ein Opfer der Midges.

„Drama-Modus" durch Licht und Wolken - mehr Faszination auf dieser Route im Herzen von Lewis geht nicht.

Die Carloway Mill: Hier werden mit die besten Harris Tweed Stoffe gewebt. Eine Führung durch die Werkhallen ist jederzeit möglich, in einem kleinen Verkaufsraum kann man seinen Wunschstoff aussuchen und als Meterware zum selber verarbeiten erwerben.

In Carloway ist Iain (rechts) zu Hause und für den Falconry Heritage Trust immer wieder mal mit Uhu Peter auf den Wiesen vor dem Ort zu finden. Gegen eine kleine Spende für den Trust darf man Peter gerne einmal selber zur Jagd auf Beute schicken.

An der A858 bei Shawbost findet sich die offen zu besichtigende „Norse Mill & Kiln". Seit der Eisenzeit wurde hier bis ca. 1930 mit einem Mühlstein das Korn (in der Regel Gerste) gemahlen. Die Hütten wurden in den 1990er Jahren als offenes Museum wieder aufgebaut.

Der Broch Dun Carloway wurde bis ins Mittelalter hinein von den Menschen auf Lewis zum Wohnen genutzt.

Die Steinkreise von Callanish

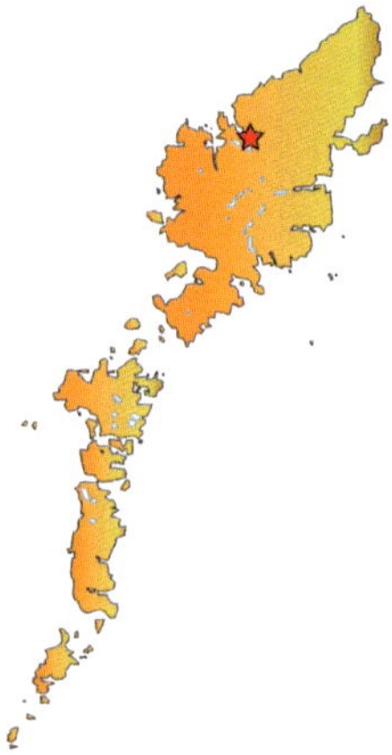

Das englische Stonehenge kennt nahezu jeder - die Steinkreise von Callanish sind ähnlich berühmt, aber eben einfach weiter weg, auch wenn Callanish I größer ist als der englische Pendant. Diese Steinkreise auf den Äußeren Hebriden sind etwa 4.900 Jahre alt, damit älter als die Pyramiden von Gizeh und sind die archäologische Hauptattaktion auf den Inseln bzw. auf Lewis. Sie entstanden vor der Anwesenheit der Kelten - die Baumeister sind unbekannt.

Durch ihren zunehmenden Bekanntheitsgrad wurde 1995 ein Besucherzentrum errichtet, in dem man die Erkenntnisse der Archäologen studieren kann. Souvenirs gibt es in unendlich vielen Varianten, das angegliederte kleine Restaurant-Café ist nicht unbedingt das Highlight einer Hebriden-Küche, eher „klassisch britisch" bodenständig. Das Team ist freundlich und jederzeit zu einem Schwätzchen bereit.

Die Steinkreise sind kostenfrei zu besichtigen, nicht abgesperrt und können „7/24" in Augenschein genommen werden. Am bekanntesten ist „Callanish I" (siehe Foto unten): die Steinsetzungen direkt am Besucherzentrum haben einen zentralen Menhir (ca. 3,6 Meter ragt er aus dem Erdboden heraus), einen Zirkel aus weiteren 13 Steinen, sowie Alleen mit Steinen in Kompass-Ausrichtung.

Fußläufig erreichbar sind die Steinkreise „Callanish II und III", die nur wenige hundert Meter Richtung Südosten entfernt sind. Da weniger Besucher hierher den Weg finden, sind diese Steinkreise trotz ihrer kleineren Ausmaße vor allem in den Abenstunden für Fotografen Pflichtprogramm (ausreichend Wind und damit wenig Midges vorausgesetzt). Während der Steinkreis Callanish II noch fünf (von einst zehn) „Standing Stones" aufweist, ist Callanish III mit seinen zwölf stehenden Steinen (von einst 20) deutlich größer.

Weitere Steinkreise befinden sich in der weiteren Umgebung, wie z.B. an der B8011 Richtung Great Bernera. Auch an der Brücke zur Insel Great Bernera befindet sich linker Hand ein Steinkreis. Insgesamt zählt man zwölf Steinsetzungen in und um Callanish.

Weitere Informationen fnden sich auf auf der Webseite www.callanishvisitorcentre.co.uk.

Callanish II - dieser Steinkreis ist nur wenige hundert Meter Luftlinie von Callanish I (auf dem Hügel im Hintergrund erkennbar) entfernt.

Callanish III - der zweitgrößte Steinkreis auf den Äußeren Hebriden. Magisch wird er mit der Abendsonne (siehe Foto auf der Doppelseite 22/23).

Über die „Bridge over the Atlantic“ gelangt man auf die Insel Great Bernera. Gleich linker Hand befindet sich der Steinkreis Cleitir (Callanish 8).

Ein Sturm im Winter 1992/93 legte in den Dünen vauf Bernera eine archäologische Sensation frei: die Ruinen von fünf Häusern aus der Eisenzeit. Eines war gut erhalten, wurde restauriert und ist als „Bostadh Iron Age House“von Mai bis September zu besichtigen.

Die B8011 zwischen Hearraidh na h-Aibhne und Mianhaig führt durch die einsamen, hügeligen Weiten von Süd-Lewis. Immer wieder sieht man die Stechkanten für den Torfabbau. Auf den Äußeren Hebriden wird der Torf auch heute noch als Heizmaterial genutzt.

Die B8011 zählt landschaftlich zu den schönsten Strecken auf Lewis. Hügelige Heide-, Sumpgras- und Moorflächen wechseln sich mit Fjorden wie hier bei Giosla ab.

Wer nach Uig will, kommt unweigerlich seit dem Sommer 2018 am „The Scallop Shack" im Hafen von Miavaig vorbei. Frische Meeresfrüchte gibt es das ganze Jahr, frisch zubereitet gibt es Muscheln & Co von April bis September, Montag bis Freitag, von 12 bis 15 Uhr.

Südsee oder Lewis? Bei Balthos findet man dieses Strand-Kleinod „Kneep Beach". In den Dünen befindet sich ein großer Campingplatz, doch Platz genug gibt es für alle.

Uig Sands: Fundort der Lewis-Schachfiguren

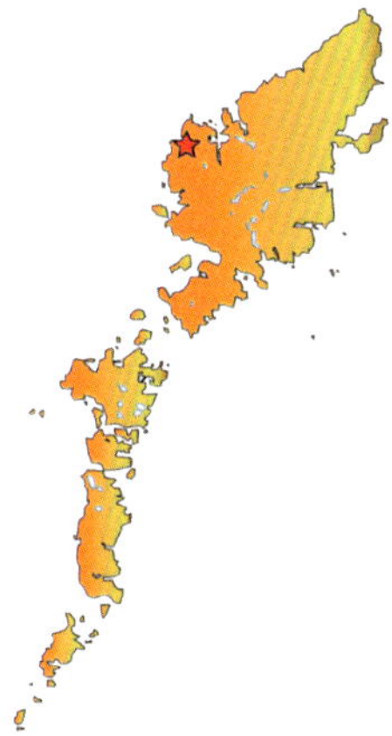

Weltberühmt sind die Lewis-Schachfiguren, die 1831 in der Bucht von Uig gefunden wurden und erstmals am 11. April 1831 der Öffentlichkeit präsentiert wurden: 78 an der Zahl, was vier Figurensätzen entspricht, genaue Herkunft unbekannt. Vermutlich wurden die Figuren mit bis zu zehn Zentimeter Höhe im ausgehenden 12. Jahrhundert in Norwegen hergestellt. Zu dieser Zeit gehörten die Äußeren Hebriden zum norwegischen Königreich. Die Figuren im romanischen Stil aus Walross-Elfenbein sind (mit Ausnahme der Bauern) mit menschlichen Zügen geschnitzt.

Die meisten Original-Figuren sind heute im Britischen Museum in London ausgestellt, weitere befinden sich im „National Museum of Scotland" in Edinburgh. Im Inselmuseum im Lews Castle in Stornoway sind sechs Originale der Schachfiguren zu sehen: Ein sitzender König, eine sitzende Königin, ein Bischof, ein berittener Ritter, ein Wächter und ein Bauer in Form eines Obelisken.

Auch wenn heute kaum mehr Schachfiguren in der atemberaubenden Strandbucht von Uig zu finden sein werden: ein Ausflug ist dieser „größte Sandkasten" auf Lewis alle mal wert. Die große Sandfläche lädt ein zu langen Spaziergängen, im Hochsommer werden hier auch durchaus abgehärtete Badegäste gesichtet.

Wer es gerne ein wenig rauer mag, fährt die Single-Track-Road weiter bis nach Mealasta mit dem westlichsten Punkt der Insel Lewis.

Zwischen Miabhaig und Uig schläbgelt sich die B8011 durch das Glen Valtos. Parallel gibt es einen 11 Kilometer langen Wanderweg auf der westlichen Höchfläche, von dem man bei klarem Wetter die Insel St. Kilda sehen kann.

Die Uig Sands (Bild oben & unten): der „größte Sandkasten" der Äußeren Hebriden. Türkises Meer, feinster Sand, saftig-grün bewachsene Dünen und Hänge, im Herbst kommt die rote Heide hinzu.

Die Klippen von Aird Mór Magurstadh schützen die Uig Sands vor den Altlantikstürmen. Während es am Strand „nur“ windig ist, erfordert es auf dieser Seite „Standvermögen“.

Am westlichsten Punkt von Lewis: die Felsnasen Staca Leathann und Aird Bhreinis.

Der ruhige Osten

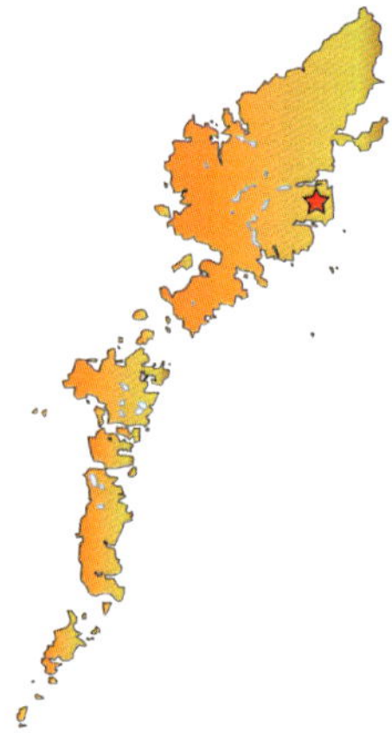

Lewis ist Moorland, Lewis ist Heideland, Lewis ist flach, Lewis ist hügelig. Folgt man der A859 von Stornoway kommend nach Süden Richtung Harris, stimmt das alles nicht mehr. Schlagartig ändert sich ab dem Flecken Laxay die Landschaft hin zu saftig grünen Wiesen mit Schafen und Viehwirtschaft, die Heide zieht sich wiederholt auf die felsigen Höhenzüge zurück. Was bleibt, sind die Lochs und Fjordeinschnitte mit Meerwasser. Im Straßendorf Balallan zweigt die B8060 nach Osten ab - und wie so oft in Schottland weiss man auf einmal, woher J.R. Tolkien für die „Herr der Ringe" Saga seine Ideen her haben muss: man befindet sich gefühlt mitten im Auenland, optisch zumindest.

Auf den „information maps" für Lewis werden an dieser Straße immerhin zwei Recycling-Plätze ausgewiesen, Schafe liegen immer wieder genüsslich widerkäuend auf dem Teer der mal zwei-, mal einspurigen Straße, um an einem regnerischen Tag die letzte Restwärme der Sonnenstrahlen vom Vortag in sich aufzunehmen. Nur wiederwillig weichen Sie einem Auto.

Wer es in der Einsamkeit der B8060 bis zum Ort Lemreway aushält, wird am Loch Sealg mit einem fantastischen Panorama auf die offene See mit der vorgelagerten Inselgruppe der Shiants (mit eine der größten Vogelkolonien der nördlichen Hemisphäre) - und die bei gutem Wetter in der Ferne zu sehenden Hebrideninsel Skye belohnt. Mystisch wird es, wenn gegenüber des Lochs aus grauen Wolkenformationen die Bergspitzen des Crionaig und Uisinis auftauchen.

Die B8060 führt von Ballallan bis nach Lemreway - mit entsprechendem Wetter hat man eher das Gefühl durch das Tolkien'sche Auenland zu fahren.

Lemreway - ein kleiner Flecken am Ende der B8060.
Bei unbeständigem Wetter passiert es hier eher, dass die Hühner
in der Schutzhütte der Bushaltestelle sitzen als ein wartender Fahrgast.

Harris

Harris hat seinen Namen von den Nordmännern - ins Englische übersetzt bedeutet er „High Land“ (Hochland). Dies ist auch die Ursache, warum die Hauptinsel Lewis, auf der sich auch Harris befindet, somit zwei Namen hat. Denn Harris ist keine Insel - nur der wildere, gebirgigere und weniger bewohnte Teil von Lewis, weshalb die Insel vielfach auch als „Harris & Lewis“ bezeichnet wird.

Die verschwommene Grenze zwischen Harris und Lewis verläuft von Loch Réarsort im Westen zum Loch Seaforth im Osten. Eine genaue (verwaltungstechnische) Grenzlinie zwischen Harris und Lewis gibt es nicht.

Charles Edward Stuart auf Lewis

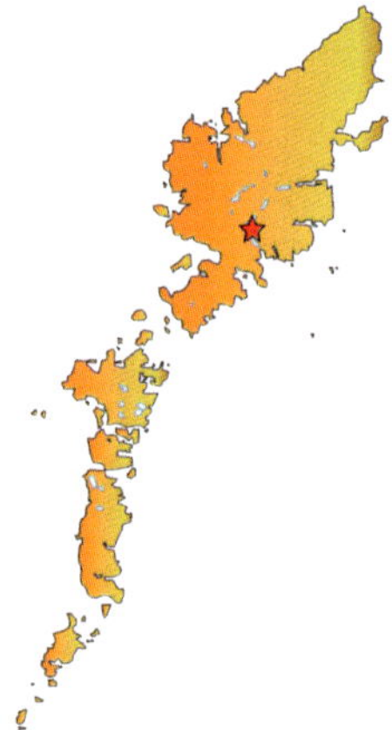

Auch an den Äußeren Hebriden ging das 18. Jahrhundert politisch nicht spurlos vorüber. Charles Edward Stuart (1720 bis 1788) ist der Sohn von James Francis Edward Stuart, dem im Exil in Italien lebenden Thronanwärter Großbritanniens und Irlands. Berühmt wurde Charls Edward Stuart - nach dem Versuch einer Invasion Großbritanniens mit Hilfe Frankreichs im Jahr 1745 - als „Bonnie Prince Charlie“ (der hübsche Prinz).

Mit der Landung in Schottland wollte er den schottischen und englischen Thron für die Stuarts zurückerobern - anfangs ohne Armee. Dank der Überzeugungskraft eines treuen schottischen Anhängers schlossen sich ihm mehrere Hochland-Clans an, damit begann der „zweite Jakobitenaufstand“. Anfänglichen Erfolgen wie die Eroberung Edinburghs folgte am 16. April 1746 mit der Schlacht von Culloden seine Niederlage. Mehrere Monate lang war er auf der Flucht, die ihn auch auf die Äußeren Hebriden führte, wo er im Fjord des Loch Seaforth in Nord-Harris an Land ging.

Wieder zurück auf dem schottischen Mainland schaffte es Bonnie Prince Charlie am 20. September 1746 sich am Loch Maidart nach Frankreich abzusetzen und überließ seine treuen Mitstreiter des missglückten Feldzuges ihrem Schicksal, das für Aufständische meist den Tod bedeutete. Charles Edward Stuart kehrte nicht mehr nach Schottland zurück. Viele Denkmäler erinnern in Schottland noch heute an den „schönen Prinzen“.

Am Loch Seaforth ging den Überlieferungen nach „Bonnie Prince Charlie“ nach der Niederlage bei der Schlacht von Culloden auf seiner Flucht vor den englischen Truppen auf Lewis an Land. Ein Denkmal an der A859 erinnert daran.

Die A859 geht durch die Hochtäler von Nord-Harris unterhalb des An Cliseam, der mit 799 Meter der höchste Berg der Äußeren Hebriden ist. Bei schlechtem Wetter ist die Sicht auf die Gipfel versperrt, doch auch bei Wind und Regen zeigt sich die Schönheit der Natur.

In Aird Asaig (direkt an der A859) hat der preisgegkrönte Fotograf Darren Cole sein Galerie-Studio „Hebscape". Gerne bewirtet er und sein Team die Gäste mit Tee & Gebäck, der Blick aus dem Galerie-Fenster kann bei entsprechendem Wetter atemberauend sein.

Tarbert auf Harris

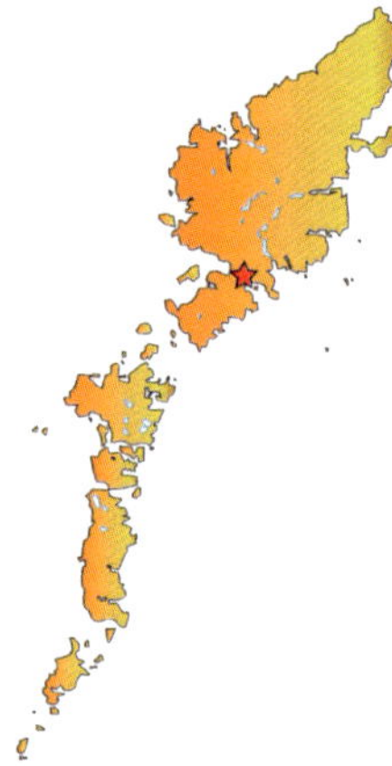

Tarbert („An Tairbeart“ auf Gälisch) ist der Hauptort auf Harris - und liegt auf der schmalen Landverbindung zwischen Nord- und Südharris, die nur etwa 150 Meter breit ist. Während auf der Atlantikseite das Meer anbrandet, ist auf der Minch-Seite der Landverbindung der Hafen mit der Fährverbindung nach Uig auf Skye. Da die A859 nur am südwestlichen Ortsrand vorbeiführt, muss man rechtzeutig abbiegen, um die zwei Ortsstraßen (Einbahnstraßenregelung) erkunden zu können. Ortseinwärts hat es einige kleine Geschäfte, inklusive einem waschechten „Kolonialwarenladen“ mit allem, was man sich vorstellen kann, selbst hochwertige SD-Karten für Digitalkameras für Fotografen mit zu wenig Speicher in der Fototasche. Gegenüber des Kai ist das „Cafe & Restaurant Pierhouse“ des Hotel Hebrides zu finden - und damit auch das hochwertigste Angebot an frischen Fischgerichten vor Ort. Viel mehr empfehlenswerte Auswahl hat es dann aber auch nicht.

Schottland ist bekannt für seinen (Single) Malt Whisky. Die Äußeren Hebriden sind für die Freunde von Hochprozentigem eine Herausforderung: in Uig gibt es von Mark „Marko“ Tayburn seit 2018 den ersten „10years Old Singel Malt“ der Inseln. In Tarbert befindet sich zudem die „Isle of Harris Distillery“, die im September 2015 neu eröffnet hat - und seither einen preisgekrönten Gin herstellt. Whisky wird auch gebrannt - aber vor 2020 wird dieser „Hearach“ nicht zu bekommen sein. Wer eine Führung durch die Distillery machen will, sollte tunlichst diese online oder per Telefon im Voraus buchen, denn vor Ort kurzfristig ist einer dieser begehrten Plätze kaum zu bekommen. Freunde des Gin werden aber auch auf Barra fündig: In Castlebay ist die „Isle of Barra Distillery“ ansässig.

Craft-Markets - die Börsen der Western Isles

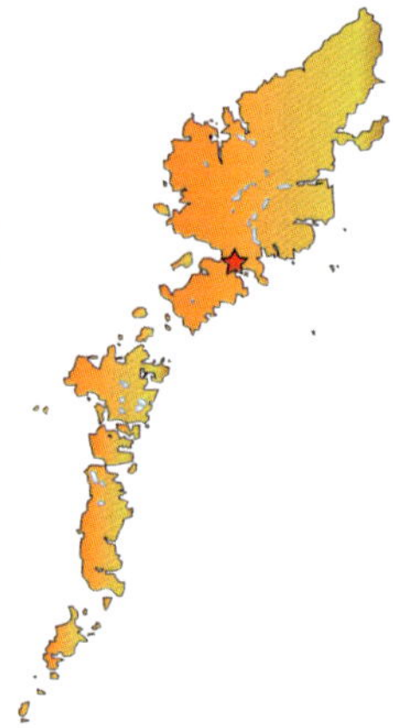

In Stornoway auf Lewis bieten große Supermärkte ein breites Sortiment an Lebensmittel - klassisch wie auf dem europäischen Festland und dem britischen Mainland gibt es große Parkplätze und lange Regalreihen. Man hat hier nicht das Gefühl irgendwo weitab im Atlantik zu weilen, sondern in einer ganz normalen mittelgroßen Stadt irgendwo in Europa.

In den ländlicheren Gegenden der Äußeren Hebriden versorgen in den „Townships" die sogenannten „Community Shops" die Menschen der Inseln. Man könnte meinen, das Angebot sei kleiner: doch weit gefehlt. Hier findet man neben frischem Obst und Gemüse eine für die Inseln nicht erwartete reichhaltige Auswahl an Lebensmittel und staunt nicht schlecht, wenn sich sogar glutenfreie und exotische Produkte einen Regalplatz teilen. Und sollte es tatsächlich mal an etwas fehlen, wird eine Bestellung aufgenommen und in der Regel hat es das Wunschprodukt mit der nächsten Belieferung in den Laden geschafft.

Auf den Inseln gibt es auch noch fahrende Händler: Gus hält mit seinem ‚Mobil Shop' nach dem Prinzip des „Stop ‚N' Shop" an sprichwörtlich jeder Milchkanne, so dass Menschen ohne Auto oder altersbedingt dennoch mit dem Wichtigsten versorgt werden.

Die oft als Kooperative geführten Minimärkte auf den Äußeren Hebriden sind übrigens als Arbeitgeber wichtiger Bestandteil des Insellebens. Die Läden bieten auch alles, was das Urlauberherz höher schlagen lässt und das vermehrte Kundenaufkommen im Sommer ist auch nötig, um den Service für die Inselbewohner ebenso im Winter aufrecht halten zu können. Vielfach sind in den freundlich geführten Supermärkten Sonderregale oder gar eigene Räume zu finden (wie z.B. in Leverburgh), die mit regionalen Leckereien und der Handwerkskunst der örtlichen „Crafter" bestückt sind. Selbst kleine Cafés haben manche dieser Community Shops, so dass man bei entsprechendem „Schietwetter" mit warmen Tee oder Kaffee - und evtl. sogar Keksen wie einem Stück Kuchen sich gegen einen Obulus verwöhnen lassen kann.

Eine Besonderheit sind die „Craft Markets", die über alle Inseln hinweg in den örtlichen Community-Hallen regelmäßig veranstaltet werden. In den Sommermonaten bieten hier teils zweimal pro Woche Künstler, Handwerker und Hersteller lokaler Lebensmittel ihre Waren feil, im Winterhalbjahr deutlich weniger.

Auf dem Craft Market von Tarbert »Handmade Harris« kann man beim Sinnieren über die vielfältigen Angebote oder beim Testen von Feinkostspezialitäten auch schon mal auf Deutsch angesprochen werden. So ist es uns geschehen: „Na, seid ihr aus Deutschland? Ich bin Heike. Probiert mal noch den Bonnie Wholegrain!" Und so testet man sich durch ihren „artisan mustard" - und schleppt gläserweise Senf von einer auf den Hebriden lebenden Deutschen nach Hause. Heike Winter hat sich in die Äußeren Hebriden verliebt - seit 2017 produziert sie in Leverburgh auf Harris ihre Senfkreationen. Ihr Stand ist auf den Handwerkermärkten immer dicht umringt. Wer dafür keine Zeit hat, besucht ihren direkt an der A859 liegenden winzigen Senf-Shop in Leverburgh. Hier gibt es ihren Senf ‚24/7', also rund um die Uhr. Man sucht sich aus, was man möchte und legt das Geld in die Honest-Box, eine Kasse, die neben den Senfgläsern steht. Und wer auch das nicht schafft, folgt Ihr auf ihrer stets aktuellen Facebookseite und bestellt ihren Organic-Senf im Online-Shop unter www.hebrideanmustard.com. Guten Appetit!

Bilder rechts: Der „Craft Market" in Tarbert auf Harris. Hier findet man viel handgefertigte Kleinkunst und Waren - z.B. Bildern aus Wolle, Kleinmöbel, Harris-Tweed-Produkte oder auch Schmuckartikel, verschiedenste „must have" Accessoires - bis hin zu Feinkost, wie die Senfkreationen von Heike Winter.

ARTISAN MUSTARD
The Hebridean Mustard Company
Our mustard seeds are grown without pesticides and herbicides, synthetic fertilizers, bioengineering or ionizing radiation.
All our products are produced with care and enthusiasm.
TAYLOR'S

Auf der B887 nach Hushinish

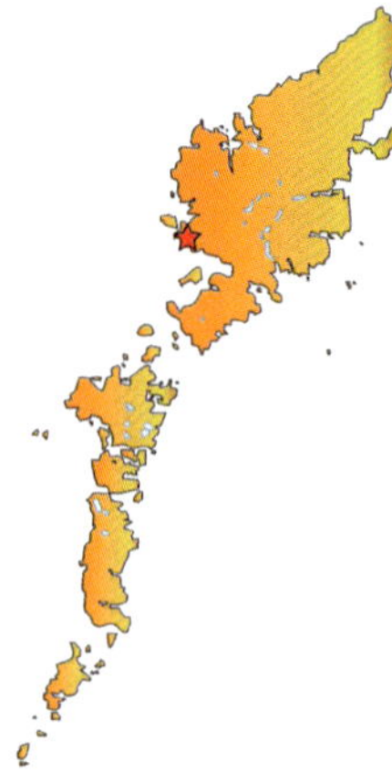

Mindestens einen Tag soll/kann man für die Single-Track-Road zwischen Aird Asaig und dem Küstenort Hushinish verwenden. Diese Straße schlängelt sich in einem ständigen Auf und Ab sowie zeitweiligen Serptentinen zwischen wilder Meeresküste und den Bergen von Nord-Harris von Ost nach West.

Beim Einstieg kurz nach Aird Asaig steht am Strand ein einsamer Schornstein: Er gehörte zur norwegischen Walfängerstation Bunavoneadar, erbaut im Jahr 1912, in Betrieb bis zum Beginn des 1. Weltkriegs im Jahr 1914. Ebenso war sie von 1918 bis 1922 in Betrieb und wurde 1923 aufgegeben. Genauso wenig wie man hier eine alte Walfängerstation erwartet, findet sich kurze Zeit später an dieser Straße ein nagelneuer Tennisplatz, der genauso viel in die Landschaft passt wie ein Skilift auf Mallorca. Immerhin: jeder kann den Platz anmieten - inkl. Schläger und Bällen.

Als „Forest of Harris“ entpuppt sich am Ende die Parkanlage des Castle Amhuinnsuidhe, der Wald vor dem Park wurde überwiegend abgeholzt. Die Straße führt mitten durch das Anwesen, anhalten ist nicht erwünscht - das signalisieren viele Schilder. Ein StopOver nach dem Passieren des Westtores ist jedoch erwünscht: Hier bieten die Schlossbesitzer in ihrem hauseigenen Shop Eis, Rehfleisch, Lachs und anderen Accessoires an. Geld in die Kasse am Tisch, fertig (be sure: you will be filmed!).

Ein Wander- und Vogelbeobachtungsparadies ist am Ende der Straße Hushinis zu finden: weite Strände laden zum verweilen ein - wenn das Wetter mitmacht. Für Schlechtwetter steht - man glaubt es kaum - ein Schutzhaus mit allem Komfort zur Verfügung.

Amhuinnsuidhe Castle an der B887 - die Straße führt mitten über das Anwesen. Am Strand des Castle stehen die Kanonen auf das offene Meer gerichtet.

Ein Beispiel für hervorragenden Touristenservice: das Schutzhaus mit Sitz- und Tischgelegenheit am Strand von Hushinish, dazu gibt es Duschen & Toiletten - der Müll wird sortiert. Infotafeln erläutern Flora und Fauna wie Wanderwege rund um die Landspitze.

Das Eagle Observatory Miabhaig

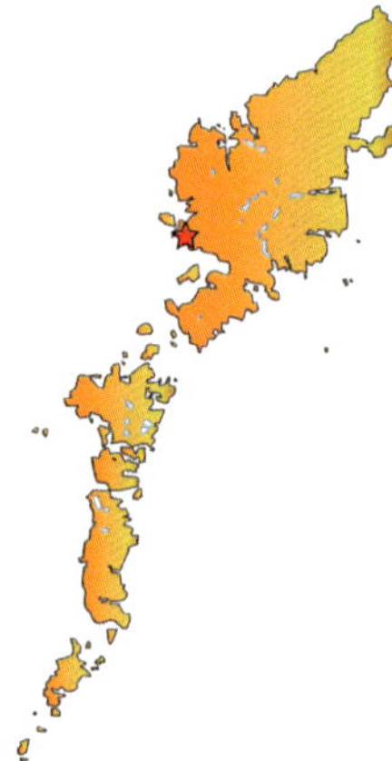

Ebenfalls an der B887 - zwischen Tennisplatz und Castle Amhuinnsuidhe - öffnen sich bei Miabhaig die Berge von Nord Harris mit einem breiten Tal nach Norden. An der Straße befinden sich in der Talsohle zwei Parkplätze - und der Einstieg in einen gut ausgebauten (und für Einheimische befahrbaren) Wanderweg zum „Eagle Observatory“ in ca. zwei Kilometer Entfernung. Die Schutzhütte wurde für die Adlerenthusiasten durch den North Harris Trust (www.north-harris.org) errichtet - und ist stets gut besucht - und darf auch rund ums Jahr besucht werden.

Ob man allerdings wenigstens ein oder zwei der angeblich hier lebenden 20 „Golden Eagle“ Paare am Himmel des Glen Meavaig entdeckt, ist wohl eine Frage des Wetters, des Glücks und der Flughöhe der Steinadler. Das Tal zählt europaweit zu den Regionen mit dem größten Bestand an Steinadlern - und dennoch braucht man hier viel Geduld. Wer sie nicht hat, kann den Weg weiter nach Norden wandern - er ist weiterhin gut ausgebaut und steigt nur langsam an. Rückwärts geht es dann entspannt meist bergab - wenn kein strammer Wind das Tal aus Süden einem entgegenpfeift.

Die Brutzeit der Steinadler in Nord-Harris beginnt übrigens Ende März und dauert ca. 45 Tage, im Mai startet die Fütterzeit für den frisch geschlüpften Nachwuchs. Pro Nest gibt es in der Regel zwei Junge, von denen wiederum im Schnitt nur eines überlebt. Im Alter von etwa 10 Wochen (ca. Juli) haben die Jungtiere die Größe ihrer Eltern erreicht. Erst im Herbst werden sie selbständig und verlassen das Nest der Eltern endgültig. Einige bleiben manchmal auch bis zum Frühjahr bei den Eltern.

Wandern in den Fußstapfen der Postboten

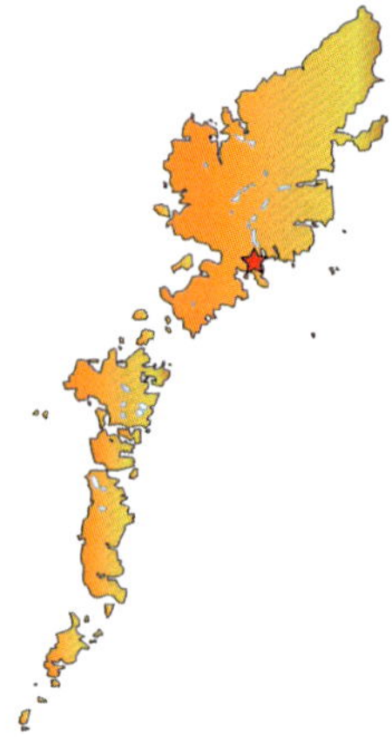

Nord-Harris ist „die“ Wanderregion auf den Äußeren Hebriden, nahezu jedes Tal und jeder Pass ist durch und von Wanderwegen erschlossen.

Auf historischen Pfaden kann man östlich von Tarbert am Laxadale Loch „in the Postmans Footsteps“ bis in das sechs einhalb Kilometer entfernte Rhenigidale wandern. Dieser Wanderweg war abgesehen vom Seeweg die einzige Landverbindung zwischen Tarbert und Rhenigidale. Der Weg wurde über Generationen von Postboten für den Briefaustausch genutzt. 1912 beschloss das Parish Council of Harris nach wiederholten Klagen der Postboten über den schlechten Zustand des Weges durch Wind und Wetter, diesen Pfad zu pflastern und zu befestigen. Erst 1989 (kaum vorstellbar!) wurde Rhenigidale mit einer Straße erschlossen, der Weg sich selbst überlassen. Der North Harris Trust hat den Weg nun wieder richten lassen, was sich durchaus lohnt: Die Bucht des Loch Trolamaraig vor Rhenigidale ist an ruhigen Tagen bekannt für eine hohe Frequenz durch Tümmler, Delfine und Seehunde.

Ein weiterer Wanderweg startet übrigens fast am selben Punkt wie der „in the Postmans Footsteps“: Am Sattel der Straße nach Tarbert ist auf der Landseite ein Parkplatz (siehe Foto unten). Von hier aus startet der sechs Kilometer lange Wanderweg „The Harris Walkway“ durch das „Gleann Lacasdail“ bis an die A859 am Loch Maraig - oder endet für Enthustiasten erst am Loch Seaforth bei Scaladale. Von hier aus kann man mit dem W10 Bus wieder zurück nach Tarbert fahren.

Der Einstieg in den Wanderweg „The Harris Walkway“ oberhalb des Loch Lacasdail.

Auf den Postmans Steps gibt es beim Aufstieg einen freien Blick auf die Highlands mit dem „An Cliseam“, dem höchsten Berg von Nord-Harris. Der Postamns Steps ist auch Teil des Langstreckenwanderweg „The Hebridean Way“ (www.hebrideanway.co.uk).

Auf dem Pass der Postmans Steps: Blick nach Rhenigidale und das Loch Trolamaraig.

Das Eiland Scalpay

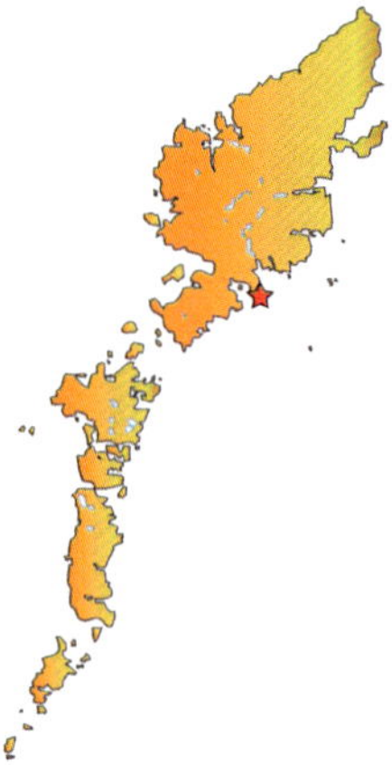

Nicht viele Insel auf den Äußeren Hebriden sind mit einer eigenen Brücke angebunden - wohl aber das Eiland Scalpay, nur zehn Minuten Autofahrt östlich von Tarbert. Dies aber auch erst seit 1997 - bis dahin gab es nur eine kleine Fähre.

Nur etwa drei Kilometer breit und drei Kilometer lang, hat das Inselchen unzählige schmale Fjorde mit vielen kleinen Brücken zu bieten (siehe Foto rechts). Dazu einige Bed&Breakfast, kleine Betriebe und ein kleines aber feines wie hochgelobtes „North Harbour Bistro and Tearoom", bei dem man ohne Reservierung Tage im Voraus abends keinen Tisch bekommt. Hinzu kommen noch einige kleine Farmen - vielfach von Familien durchgehend über Generationen betrieben. Scalpay wurde in den 1960er Jahren weltweit bekannt als die „Insel der fünf Fisch-Millionäre" - die Insel war das Geschäftszentrum der Heringsindustrie. Davon ist heute nicht mehr viel zu sehen außer einem riesigen rostigen Stahlskelett in der Hafenbucht.

Highlight der Insel ist der Stevenson Leuchtturm „Eilean Glass" im Osten der Insel (siehe Foto rechts unten), den man nur zu Fuß in ca. 25 Minuten auf einem gut erschlossenen Pfad durch die Moor- und Heideflächen der Insel erreichen kann. Zurück gibt es auch einen Küstenpfad, auf dem man ca. 10 Minuten mehr Zeit braucht.

Das fotografische Kleinod vor Ort liegt allerdings nicht auf, sondern vor Scalpay: kurz vor der Brück rechter Hand verfällt ein altes Whitehouse im „Dornröschenschlaf" (Foto unten).

Die „Bays of Harris“

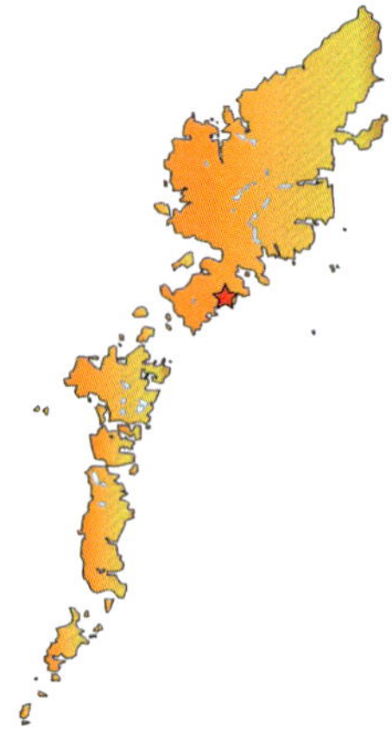

Süd Harris ist der Teil von Lewis, in den sich die meisten Besucher verlieben. Die Westseite der Insel mit ihren weiten Stränden von Luskentyre, den gefühlt millionenschweren Architektenhäusern zwischen Borve und Scarista, den Salzwiesen von Northton, der im Sommerhalbjahr im frischen Dauergrün erstrahlenden Südostküste, den wilden Highland-Bergen im Zentrum - und der zerklüfteten Ostküste: den „Bays of Harris“.

Die Bays sind ein relativ flaches Gebiet mit erstaunlich klaren Farben (zumindest ab und an Sonne vorausgesetzt), dazu immer wieder „blankes Gestein“ und Felsbrocken, unterbrochen von kleinen Seen (Lochs) und weiten Flächen mit rotem, gelben wie grünem Gras, Heide und schwarzem Torf.

Auch die Zivilisation ist hier zu finden: Kleine Orte mit wenigen Häusern, einzelne Gehöfte, schmale Buchten mit winzigen Hafenanlagen, zerfallende Gebäude - das sind die Bays. Man saugt diese Gegend in sich auf - Dank einer kleinen, schmalen wie unscheinbaren Single-Track-Road, die sich als „The Bays Road“ (C97) kurz hinter Tarbert nach links in die Natur verschwenkt um nach diversen Buchtumfahrungen bei der Kirche von Rodel wieder auf eine breitere Straße zu stoßen: die über die Westseite der Insel südwärts strebende A859. Hier haben sich die Straßenplaner am Ende der Straße einen kleinen Spaß erlaubt: Rund um den Kirchberg der St. Clemens Church führt die Straße einmal herum, nur um wieder auf die gleiche Straße nach Leverburgh zurück zukommen - Dank Linksverkehr ohne Vorfahrtachten oder Stopschild.

Mitten in den Bays of Harris befindet sich in Grosebay „The Harris Tweed Company Grosebay". Exklusive Garderobe vom Feinsten für die Frau den Mann von Welt.

Unterwegs in den Bays von Harris ist Zeit relativ. Die gemütliche Fahrt über eine kurvenreiche Single-Track-Road durch eine faszinierende Landschaft bietet viele kleine Handwerksbetriebe und Galerien alle paar Kilometer.

Am Ende der „Bays Road“ steht die St. Clemens Church in Rodel. Sie ist die bedeutenste vorreformatorische Kirche auf den Äußeren Hebriden (erbaut 1520). Die Kirche weist in ihrem Innenraum die signifikantesten spätmittelalterlichen Schnitzereien der Western Isles auf.

Malerisch die Bucht von Rodel. An ihr kommt man automatisch vorbei, wenn man den „Kreisverkehr“ der A859 um die St. Clemens Church abfährt.

Von Luskentyre bis Leverburgh

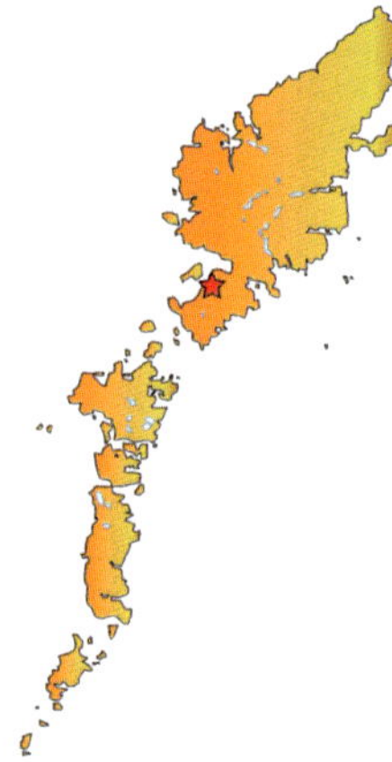

Strebt man von Tarbert kommend die A859 nach Süden Richtung Leverburgh, verschlägt einem das Panorama der Sandbucht von Luskentyre schier den Atem. Vor den Sandbänken das türkise Wasser des Sound of Taransay, kurz nach Seilebost dann der Blick nach Norden auf die Berggipfelkulisse von Nord-Harris, „der Moment“ auf der Insel, bei dem man die Zeit gerne anhalten möchte.

Fährt man die A859 weiter nach Süden, gilt der nächste Stop-Over nach nur rund zwei Kilometern der Strandbucht Nisabost. Quert man die flache Bucht, kann man den Hügel dahinter erklimmen - und neben dem Panorama von Luskentyre und den Bergen von Nord-Harris auch den Menhir „MacLeod Stone“ (Clach Mhic Leoid) sehen. Wer ihn dort aufgestellt hat, ist unbekannt. Wer jedoch zur Sonnenwende im Juni kommt, kann bei gutem Wetter exakt im Westen des Steins die Sonne über dem St. Kilda Archipel untergehen sehen.

Das Panorama in seiner Einzigartigkeit kann man von der Sonnenterrasse der im März 2017 neu eröffneten „The Machair Kitchen“ in Talla na Mara bei einem „Blackhouse Tea“, Espresso Mocha, Kuchen, Sandwich oder Abenddinner genießen.

Eifrig sammeln ganzjährig Ehrenamtliche des North Harris Trust immer wieder den angeschwemmten Müll an den Stränden auf und tragen ihn zur Straße, damit er „fachgerecht“ entsorgt werden kann. Ein Lächeln zaubert man den Personen aufs Gesicht, wenn man mit anpackt und Plastik, Fischernetzreste und anderen angeschwemmten Unrat einsammelt.

Where the beaches never ends... an der nördlichen Westküste von Süd-Harris rahmen die kleinen Orte Luskentyre und Seilebost einen der schönsten Strände von Harris ein.

Langsam laufen die Wellen über den langen Sandstrand von Nisabost auf. Untiefen vor dem Strand lassen die Wellen mit einem gewaltigen Donnern bereits auf dem Meer brechen.

Zwischen der Bucht von Nisabost und Horgabost steht der „Clach Mhic Leoid", der Stein der MacLeods. Er steht in einer Achse zum St. Kilda Archipel.

Auch das gehört zu den Machairs bei Borve im Westen von Süd-Harris: ein ausgedehnter Gofplatz direkt am Meer.

Die Strandbucht bei Borve. Im Ort finden sich noch wenige traditionelle Häuser (in der Regel „Selfcatering" Ferienwohnungen wie Häuser), aber auch jede Menge neu errichtete hochwertigste Architektenhäuser. Zum Golfplatz sind es nur wenige Meter...

Die Lagune von Northton kurz vor Leverburgh mit ihren Salzwiesen ist ein einzigartiges Naturparadies für Flora und Fauna.

Leverburgh im Süden von Süd-Harris. Im „Stadtzentrum" findet sich der „Harris Community Shop"mit einer vergleichsweise große Auswahl. Im Obergeschoß hat es eine kleine Galerie sowie Angebote von Künstlern und Handwerkern von Harris.

Der „Hafen" von Leverburgh bei Traumwetter. Wer Zeit hat auf seine Fähre zu warten: Das „Anchorage" direkt neben dem Anleger hat eine ausgezeichnete Küche und eine hervorragend Auswahl von frischem Fisch.

Gefühlt regelrechtes „Gedränge" scheint auf der Fähre zwischen Berneray und Leverburgh (Bild) zu herrschen. Dabei ist es einfach nur das ausgezeichnete „Parkraummanagement" der CalMac-Mitarbeiter. Und Schlechtwetter stört eh nicht...

Der „Sound of Harris“

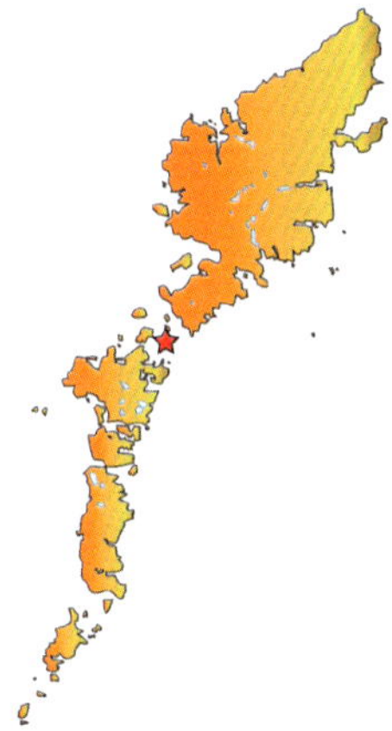

... ist keine besondere Abfolge von Tönen, sondern die einzigartige Schiffspassage zwischen Harris und Berneray. Bis 1996 war diese Schiffsroute nicht existent, wer von Harris aus nach Süden auf die Uist´s wollte, musste den Umweg über Uig auf Skye oder über das Mainland (Oban-Barra und Stornoway-Ullapool) machen. Trotz modernster Technik gilt auch heute noch die Durchfahrt als eine der kompliziertesten Schiffsrouten Schottlands.

Wer die Fährfahrt in Anspruch nimmt, fährt so gut eine Stunde wildes Slalom durch die Insel-Schären-Welt im „Sound of Harris“. Wenn man meint nun steuere man endlich direkt auf die Uists zu, wird doch noch mal scharf links abgebogen, wenige Wellentäler später an einer roten Boje wieder scharf nach rechts. Mal sieht man auf der Fahrt die Berge von Harris, mal die von Nord-Uist - oder war es doch anders rum? Bei bewölktem Himmel kommt man mit den Himmelsrichtungen schnell einmal durcheinander...

Bei schönem Wetter soll sich ein Fußgänger-Return-Ticket lohnen - und man sollte eine gute Kamera samt Teleobjektiv dabei haben. Auf den unzähligen kleinen Inseln wie Riffen, die aus dem Meer hier herausragen, brüten in den Frühsommermonaten Seevögel aller Art(en), die beliebten Papageientaucher inbegriffen. Tümmler gehören zu den Bewohnern dieser kleinen Inselwelt, die entsprechend der Ebbe und Flut mal ein wenig größer, mal ein wenig kleiner ist.

Gut platzierte Bojen, viel Erfahrung - und nicht zu schlechtes Wetter. Das ist der perfekte Cocktail für die Fährschiffer in den Schären zwischen Harris und Berneray.

Berneray

Wer schon immer eine Insel in kürzester Zeit durchwandern wollte, ist mit Berneray richtig beraten. Vom südwestlichen Kap „Rubha Bhoisnis" bis zur höchsten Erhebung, dem Beinn Shleibhe mit 93 Meter im Nordosten, sind es nur 5,5 Kilometer. An der schmalsten Stelle misst Berneray gerade mal 2,1 Kilometer.

Die meisten Touristen kommen bzw. fahren nach Ardmaree, dem Schiffsanleger von und nach Leverburgh (Harris). Da der „Hafen" direkt am Damm von und nach Nord-Uist liegt, hat die Insel touristisch einen leichten Dornröschenschlaf. Dabei ist sie einen Besuch wert. Wenigstens für ein paar Stunden.

Borgh ist der „Hauptort" der Insel Berneray und liegt nur wenige hundert Meter nördlich des Fährhafens Ardmaree. Vor 200 Jahren lebten rund 700 Menschen auf diesem Eiland, heute sind es weniger als 140. Viele Häuser der Insel sind mittlerweile Ferienhäuser.

Mit 93 Meter Höhe ist der Beinn Shleibhe der höchste Berg der Insel. Und zugleich der einzige Berg.

Saftige Wiesen direkt hinter den Dünen (klassische Machairs) - ein Schlaraffenland für Kühe und Schafe, die hier entspannt den Touristen entgegenblicken - und nachschauen.

Er heisst schlicht „West Beach" - der meist einsame Strand an der Westseite von Berneray. Am Horizont linker Hand die heute unbewohnte Insel Pabbay, rechter Hand der Ceapabhal auf Harris.

North Uist

Wenn man Nord-Uist auf der Karte betrachtet, fällt einem erst einmal ein durchlöcherter Schweizer Käse ein. Denn die Insel, deren Erhebungen über 100 Meter man an einer Hand abzählen kann, hat ebenso viel Land- wie Wassermasse: jede Menge „Lochs“ in den unterschiedlichsten Größen mit „Inseln auf der Insel“, zwischen den Seen viel Moor - und fruchtbare Machair im Westen und Südwesten.

All dies erschließt sich vom Boden nicht unbedingt, ein Blick von oben hilft.

North Uist - „the land of barley“

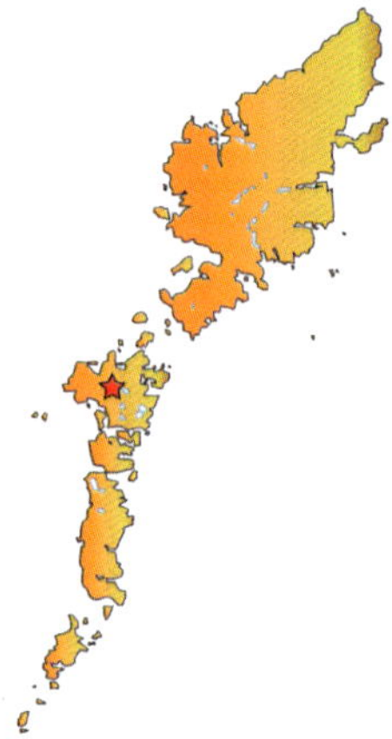

Nord-Uist ist im Gälischen als „Tir an Eórna“ bekannt - „the land of barley“, zu deutsch „das Land der Gerste“. Die fruchtbaren Felder der Machair im Norden, Westen und Südwesten der Insel sind auch heute noch Anbaugebiet für diesen „wichtigen“ Grundstoff des schottischen Whisky. Auf der Insel leben heute rund 1.250 Menschen - in der Sommersaison allerdings verwandeln sich die rund 300 Inselquadratkilometer in ein geschäftiges Großdorf, insbesondere rund um die klassischen „Photographers Points“.

Der Hauptort ist der Fährhafen Lochmaddy auf der Nordostseite der Insel, neben dem Schiffsanleger hat es hier das Inselmuseum inkl. Cáfe, sowie (noch) eine „echte“ Bank (RBS) mit einem fairen Geldautomaten, was z.B. auf Harris ein Problem ist: dort befindet sich nur noch ein Geldautomat einer Privatbank mit undurchsichtigen Abhebegebühren, dass selbst das Visitscotland-Tourismusbüro lieber auf die Automaten in Stornoway oder eben in Lochmaddy verweist.

Da die A865 sich recht gut an den Küstenverlauf der Insel hält, lässt sich Nord-Uist sehr einfach erkunden bzw. „umrunden“, Abstecher sind möglich im Westen durch das Landesinnere via der „Committee Road“ (C83), sowie die Sackgasse der B894 zum Loch Euphort im Osten. Bei Hosta im Westen führt eine schmale Straße auf den 133 Meter hohen Cleitreabhal mit dem „St. Kilda Viepoint“. Während sich von hier die Monach-Inseln im Südwesten sehr detailreich abbilden, braucht es für einen Blick nach St. Kilda im Westen von diesem Punkt aus zum einen klares Wetter, Phantasie und viel wichtiger: gute Augen. Oder das bereitstehende Fernglas.

Nord-Uist ist überwiegend ein „Flickenteppich“ aus Lochs (Seen) mit „Inseln auf der Insel“, Moorlandschaft - und fruchtbaren Machairs entlang der Westküste.

Nord-Uist verwandelt sich bei Schauerwetter in eine „Insel der Regenbogen“. Bei entsprechenden Lichtverhältnissen gibt es rasch einmal das Farbspektakel je Schauer im Doppelpack.

Entlang der B893 liegen die Machairs von Clachan - einzelne Bauernhöfe, Felder, Weiden und Dünenlandschaften wechseln sich ab. Davor sieht man in der Ferne immer wieder die Küstenlinie mit den „sandhellen" Clachan Sands.

An der Kreuzung der B893 von Berneray kommend mit der Ringstraße der A865 befinden sich mitten in einem See gelegen die Überreste eines alten Broch. Folgt man der Ringstraße nach Westen, gibt es nach ca. 2 Kilometern einen weiteren Broch.

Dieses alte - aber frisch restaurierte „traditional croft house“ ist ein „Muss“ für jede Fotolinse. Es liegt malerisch an der Bucht von Traigh Bhalaigh bei Malacleit. Bei Ebbe kann man die Bucht durchwandern und so auf die Insel Vallay gelangen (benötigte Zeit: 3 Stunden).

Ein Buch über Schottland ohne ein Highland-Rind? Geht gar nicht.
Dieses Prachtexemplar bei Malacleit auf Nord-Uist ruhte beim Fotoshooting in sich.

Der Scolpaig-Tower gehört zu den wenigen „gemauerten" Sehenswürdigkeiten auf Nord-Uist. Er sieht von der A865 dramatisch aus, ist aber „nur" aus dem Jahr 1830. Älter sind die Ruinen davor und dahinter, die von alten Blackhouses stammen.

DIe Monach-Inseln vor Nord-Uist waren früher bei Ebbe zu Fuß erreichbar - bis ein Sturm im Mittelalter das Land wegriss. Heute sind sie durch ihre abgetrennte Lage die Heimat der grauen Robbe - bis zu 8.000 Welpen werden auf den Monachs jedes Jahr geboren.

Blick vom 133 Meter hohen Cleitreabhal Richtung Westen - „St. Kilda View" heißt der Aussichtspunkt. Mit dem hier installierten Fernglas ist die Inselgruppe tatsächlich zu sehen.

Die schmale „Committee Road" (C83) führt durch das Landesinnere von Nord-Uist und verbindet Malacleit im Norden mit Cladach im Süden.

Entlang der A865 im Südwesten von North Uist liegen lose aneinander die Townships von Bayhead (im Bild) sowie Claddach-Kirkibost. Neben Lochmaddy ist dies der belebteste Teil der Insel.

Biergärten gibt es auch auf North Uist. Dieser gehört zum Westford Inn in Claddach. Das Pub ist seit Jahren preisgekrönt: Finalist des „Pub of the Year" 2016, Gewinner des „National Pub Bar Award" 2017, sowie „County Winner" 2018 der Western Isles.

Mit die beste Adresse auf den Äußeren Hebriden, was frischen Fisch angeht: das Hebridean Smokehouse in Claddach. Vormittags kann man bei der Fischzubereitung zusehen. Es zählt zu den „Top 40“ der 500 besten Essensangebote der Welt von „Lonely Planet Guides“.

Die B894 im Osten von North Uist führt als Sackgasse zum Loch Euphort. Hier gibt es einige Galerien, wie z.B. die überregional bekannte „Shoreline Stoneway Gallery“ (Töpferei). Im Hintergrund sieht man den Bergrücken des South Lee mit 261 Meter Höhe.

Langass: Das neolithische Zentrum der Uists

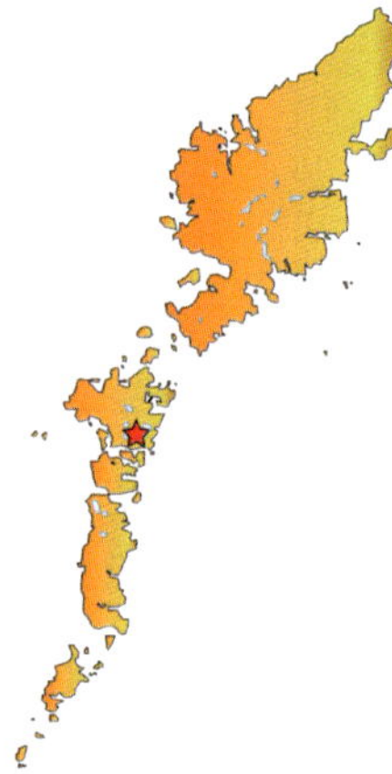

Nur wenige Kilometer südlich von Lochmaddy liegt linker Hand nach einem kleinen (zumindest 2018 noch existenten) Waldstück eines der europaweit am besten erhaltenen neolithischen-Bauwerke: der Cairn von „Barpa Langass". Diese Grabkammer mit einem Durchmessr von ca. 25 Metern wurde als eines der ersten Bauwerke Nordeuropas vor ca. 5.000 Jahren errichtet - und war bis 2011 noch unbeschädigt: seither ist die Grabkammer eingestürzt, der Eingang verwehrt und abgesperrt. Derzeit forschen Archäologen, der North Uist Estate und eine örtliche Arbeitsgruppe der Kommune, wie der Cairn wieder herzurichten ist.

Vom Cairn aus startet ein rund drei Kilometer langer Rundweg über und um den Ben Langass, der zum Steinkreis „Fingal´s People" von Langass führt. Die Erbauer des Steinkreises ebneten einst die Bergflanke weitgehend ein, um hier bis zu 48 Steine diametrisch (37 zu 30 Meter) zu errichten. Nur noch wenige der bis zu 2,2 Meter hohen Steine stehen heute aufrecht, viele sind umgestürzt oder von Moor und Heide zugewachsen. Der Steinkreis wurde ca. zwischen 3.000 bis 1.500 vor Christus erbaut. Nutzung und Sinn dieser Anlage sind bis heute nicht geklärt.

Nahe Barpa Langass befinden sich die „Woodlands", ein kleines Waldstück, das seit den 1960er Jahren durch Wiederaufforstung entstanden ist. Es wird vom „North Uist Woodland Trust" beaufsichtigt - somit sind die Chancen groß, dass dieser Wald mit seiner Artenvielfalt noch etwas länger erhalten bleibt.

Der Ben Langass mit den Woodlands auf seiner Nordflanke. Nahe der A867 an seiner Westseite befindet sich der Cairn, der Steinrkeis auf seiner Südflanke.

Der Steinkreis „Fingal´s People" von Langass. Entweder stellt man sein Auto am (öffentlichen) Parkplatz beim Hotel Langass Lodge ab und läuft die 150 Meter zur Anlage. Alternativ kann man vom großen Parkplatz am Cairn von Langass einen 3-km-Rundweg ablaufen.

Der Cairn Barpa Langass liegt direkt an der A867 und ist fußläufig erreichbar vom großen Parkplatz aus in nur ca. 100 Meter Entfernung. Er wurde vor ca. 5.000 Jahren errichtet und zählt europaweit zu den ältesten erhaltenen archäologischen Stätten.

Die „Church Of The Holy Trinity“ von Carinish

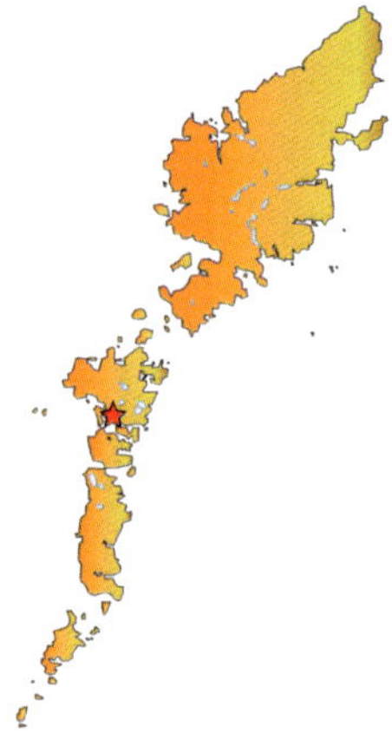

Bevor man North Uist auf der A865 Richtung Süden nach Grimsay und Benbecula verlässt, kommt man durch den Ort Carinish. Nach der Ortsmitte knickt die Straße nach Südosten ab, rechter Hand sieht man die Ruine der „Church of the Holy Trinity“ (Teampall na Trionaid). Die Anlage wurde von den Äbten von Iona (Mull) geführt und gilt als mittelalterliches Zentrum für „Lernen und Lehren“. Es gilt als nachgewiesen, dass der Philosoph Dun Scotus (ca. 1265 bis 1309 n.Chr.) hier unterrichtet wurde. Ebenso sicher ist die Tatsache, dass hier viele schottische Chieftains (Häuptlinge) ihre Erziehung erhielten. Die „Church of the Holy Trinity“ gilt daher als „älteste Universität von Schottland“.

Wann die Anlage genau erbaut wurde ist unklar, Forschungen gehen etwa vom Jahr 1200 aus. Es wird angenommen, dass das Kloster auf den Ruinen eines noch älteren Gebäudes errichtet wurde. Von 2008 bis 2011 wurden die Ruinen weitgehend restauriert und kann seither kostenfrei besichtigt werden.

Mit der Kirche in Verbindung steht auch die Schlacht von Carinish, „The Blood Ditch“, aus dem Jahr 1601, an die viele Schilder im Sumpf vor der Kirchenruine erinnern. Der Clan der MacLeods von Harris und Dunvegan gerieten mit dem (kleineren) Clan der MacDonalds von Sleat wegen einer Frau in Streit - die MacLeods (mit 40 Männern) wurden nach einem Raubzug und ihrem Rückzug in die Kolsteranlage in Carinish von den MacDonalds (die nur 15 waren) besiegt.

Die „Church of the Holy Trinity“ gilt als mittelalterliche Lehrstätte und ist somit die älteste Universität Schottlands.

Schilder im Moor am Ort Carinish: Sie weisen auf eine der „größten Schlachten" auf den Äußeren Hebriden hin. 1601 kämpften hier zwei Clans gegeneinander. Insgesamt 55 Mann.

Der Grund der „Church of the Holy Trinity" wurde bis in das 19. Jahrhundert hinein als Friedhof genutzt, wie es alte Grabsteine zeigen.

Grimsay

Wer von North Uist nach Süden Richtung Benbecula fährt, merkt in der Regel kaum, dass er „mal eben" noch eine weitere Insel überquert: Grimsay. Da diese Insel über Straßendämme mit North Uist und Benbecula verbunden ist, aber moderne Navigationssysteme auf derartige Feinheiten kaum achten, muss man bewußt die Landkarte zur Hand nehmen, um diese nur etwa acht Quadratkilometer große Hebrideninsel in ihrer ganzen Schönheit erleben zu können.

Grimsay - klein, aber fein

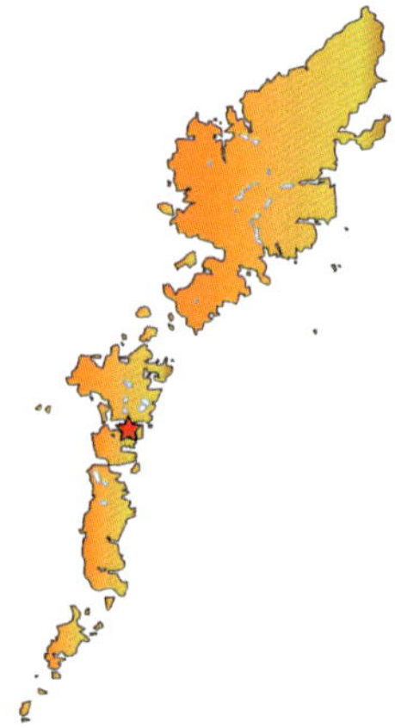

Nur 8,33 Quadratkilometer groß und die höchste Erhebung misst 22 Meter - das ist Grimsay. Der unachtsame Autofahrer auf der A865 merkt eventuell noch nicht einmal, während er sich durch die Welt der Wiesen, Moore, Seen (Lochs), Watt und braune Seegrasböschungen der Fjorde bewegt, dass er zwischen North Uist und Benbecula mit Grimsay eine eigenständige Insel durchquert. Dabei ist dieses Eiland ähnlich pittoresk wie Scalpay vor Harris: malerische Winkel gibt es auf der Single-Track-Road entlang der östlichen Inselküste „noch und nöcher". An der Nordostseite von Grimsay finden sich zudem die Überreste eines eisenzeitlichen „Wheelhouse" - nur wenige dieser Hausform aus der Zeit ca. 500 vor Christus sind noch erhalten, das auf Grimsay versteckt sich zudem gut und ist auf den meisten Karten nicht eingezeichnet.

Auf der Südseite der Rundstraße findet sich ein junges Unternehmen aus 2016: Uist Wool (www.uistwool.com). Wer genug von Harris Tweed hat, ist hier genau richtig: auf wieder hergerichteten Maschinen aus dem 19. Jahrhundert wird auf traditionelle Weise Wolle aus Schafvlies von lokalen Rassen gesponnen - und kann im geschmackvoll eingerichteten Shop direkt käuflich erworben werden. Wer nicht stricken kann: warme Mützen, Schaals, Handschuhe, Pullover, Plaids oder auch Wärmflaschenbeutel aus feinster „Uist-Wool" sind ebenso käuflich - und natürlich auch feinster Harris Tweed. Wenn der/die Partner(in) zu lange bei Uist-Wool verweilt, kann der andere Partner problemlos ein paar hundert Meter weiter nach Osten fahren bzw. laufen: bei „Namara Hebridean Catch" (siehe auch thehebrideancatch.co.uk) gibt es tagsüber von Montag bis Samstag frische Krabben, Langusten und Jakobsmuscheln...

Der Straßendamm von North Uist nach Grimsay. Wer mit dem Auto die A865 entlang fährt, wird angesichts der sich ständig abwechselnden Wiesen, Moore, Lochs und Fjorde kaum den Wechsel von einer Insel zur nächsten bemerken.

Wer die Ringstraße auf Grimsay entlang fährt, entdeckt nahezu nach jeder Kurve einen neuen „Photographers Point" mit Küstenlinien, Weiden, Moor - oder kleine Geschäfte mit Fisch- und Wolleangeboten.

Uist Wool - „founded 2016" und damit eine „Alternative" zu Harris Tweed. Das Wollgarn lokaler Schafrassen kann man in den verschiedenen Qualitäten in einem liebevoll gestaltetem Werksverkauf (wie online) erwerben - und bei der Produktion auf alten Maschinen zusehen.

Benbecula

Die Insel Benbecula ist vor allem eines: flach. Und schnell. Zumindest die Einheimischen. Wenn sie auf dem Weg zum Flughafen der Insel sind. Wenn man das touristisch entspannte Fahren auf den nördlichen Inseln der Äußeren Hebriden verinnerlicht hat, kommt man sich auf Benbecula ständig „im Weg“ vor. Diesen Eindruck hat man nicht nur als Tourist - das sagen auch Einheimische über sich selber: „In den Wintermonaten, wenn keine Touristen da sind, wird von einigen durchaus noch ein wenig mehr aufs Gaspedal gedrückt!“

Benbecula - die unerbittlich flache Insel

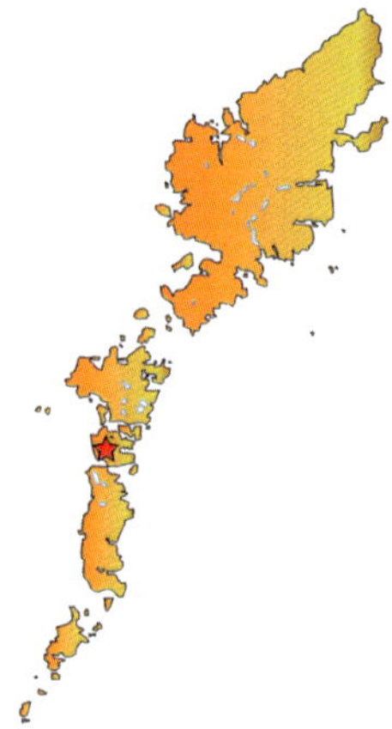

Die Insel zwischen North Uist und South Uist ist im Vergleich zur kleinen Nachbarinsel Grimsay mit 82 Quadratkilometern nahezu zehnmal so groß. Während gefühlt „vierviertel" der Insel sich nur wenige Meter über dem Meeresspiegel erheben, findet sich im Osten von Benbecula, der mit Straßen allerdings kaum erschlossen ist, mit dem Rueval (gälisch „Ruabhal") immerhin doch eine Erhebungen mit stolzen 124 Meter Höhe.

Der große Vorteil dieser unerbittlich flachen Insel: sie ist bestens für den Flughafen auf der Westseite nahe dem Hauptort Balivanich geeignet. Da der Flugverkehr sich auf wenige Maschinen am Tag reduziert, kann man auf der Westseite der Insel durchaus die weiten Strände und Dünenlandschaften wie Machair genießen. Alternativ kann man - wenn man sich nicht gerne dem „dichten" und schnellen Straßenverkehr der A865 hingeben will - das Inselinnere mit seiner weitgehend unberührten Flora und Fauna genießen: Weite Moorflächen wechseln sich mit unzähligen Lochs ab, dazu vor allem im August und September ein Farbfeuerwerk durch die roten Heideflächen. Brütende Wildvögel sieht man hier vor allem im Frühsommer.

Auch Benbecula hat ein historisches Monument zu bieten: im Süden bei Liniclate findet sich am Rand der Dünen die Ruine des Borve Castle, ein massiver Wohnturm aus dem 14. Jahrhundert, von dem heute nur noch wenige Steine ein paar Meter aufeinander liegen bzw. stehen. Das Castle wurde einst für Amy Mac Ruariri errichtet, der ersten Frau von John, „Lord of the Isles".

Am Horizont die Berge von North Uist, die optisch in die flache Insel von Benbecula übergehen. Im Vordergrund die A865. Der breite Straßendamm zwischen Benbecula im Norden und South Uist ist gut erkennbar.

Mehr Farbe geht nicht: Im Spätsommer verwandelt sich Benbecula in ein rotes Meer aus Heideflächen, die sich mit Lochs, Mooren und einzelnen Weiden abwechseln.

Auf Benbecula immer allgegenwärtig: Meeresarme mit einem Tidenhub von rund zwei Meter Höhe, wie hier bei Creag Ghoraidh im Süden der Insel.

South Uist

Um die größte der südlichen Inseln der Äußeren Hebriden genießen zu können, reicht es nicht, der A865 von Nord nach Süd oder Süd nach Norden zu folgen - sondern man sollte immer wieder die abzweigenden schmalen Single-Track-Roads in die Machair im Westen und in die Wildnis der Berge im Osten nutzen.

South Uist ist in den Frühsommermonaten wohl die schönste Inseln der Hebriden, wenn die Machairs der Westseitc von Süd nach Nord sich in „blühende Landschaften" verwandeln und ein buntes Farbenmeer mit summenden Insekten, sowie nicht zählbare Mengen von Brutpaaren der Wildvögeln die Dünen, Wiesen und Weiden bevölkern.

South Uist - die blühende Insel

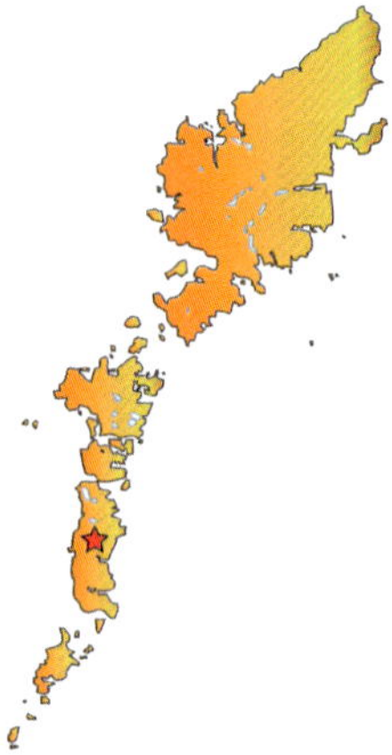

Sinnbild für den Aufbau der Machair ist die Insel South Uist, wie auf Seite 16 und 17 beschrieben. Von West nach Ost kann man Meter für Meter diese Landschaft entdecken und erfahren. Das ganze Jahr über kann man hier „Natur pur" genießen - angefangen von bunten Regenbogen bei Regenschauerwetter, die die Insel von West nach Ost passieren, sturmgepeitschten Wintermonaten, blühende Landschaften in den Frühsommermonaten - und vor allem Vogelbeobachtungen. Wenig verwunderlich, dass weite Teile der Machairs heute ein Naturschutzgebiet sind („South Uist Machair NSA"). Schneeweiße Strände laden zu langen Spaziergängen ein, die Berge im Osten zu ausgedehnten Wandertouren, die wenigen Straßen sind flach und daher auch gut mit dem Fahrrad erkundbar. Zusammengefasst: South Uist ist DIE „Wildlife"-Insel der Äußeren Hebriden, Hauptziel vieler Naturfotografen und eine ideale Insel für ein „Slow Down", zumal hier der Mobilfunkempfang wie auch die Netzgeschwindigkeit in den Häusern noch sehr zu wünschen übrig lässt.

Lebten zu Beginn des 19. Jahrhunderts hier noch mehr als 7.000 Menschen, sind es heute nur noch etwa 2.300. Die Häuser, die nicht zerfallen sind, werden heute vielfach als Ferienhäuser angeboten - optisch teils als Kleinod in der Landschaft zu sehen.

Die Machairs von South Uist im Norden der Insel - ihre wahre Schönheit zeigt sich insbesondere aus der Luft. Mittig am Horizont am Atlantik die Landspitze „Rubha Aird na Machrach", rechter Hand das Township Clachan, das nur durch die gut erkennbare schmale Single-Track-Road mit der A865 verbunden ist. In Clachan findet sich zudem die „Hebridean Jewellery". Hier wird hochwertiger gälischer Schmuck hergestellt, parallel im angegliederten Café selbstgebackener Kuchen, Tee und Kaffee serviert.

Ein traditionelles Haus auf South Uist - hergerichtet für Touristen als modernes „Schottisches Cottage". Dieses steht z.B. in den Machairs bei Lochdar. Schnell ist man geneigt hier auch an ein Friesenhaus auf „Juist" in der Nordsee denken.

Von Benbecula kommend empiehlt sich an der ersten Hauptkreuzung der Abstecher nach Osten zum Loch Carnan. Diese schmale Straße birgt viele atemberaubende Momente und stimmt auf die faszinierende Landschaft von South Uist ein.

Die Straße nach Loch Carnan führt relativ gradlinig durch die flache Landschaft im Norden von South Uist. Auf halber Strecke dieser Sackgasse findet sich das (preisgekrönte) Salar Smokehouse (salarsmokehouse.co.uk), bei dem man shoppen und genießen kann.

Nur wenige Kilometer südlich am Loch Bee vorbei geht die B890 nach Osten ins Landesinnere von South Uist: das schwarze Moorwasser von Loch Druidibeg ist Heimat von unzähligen Vogelarten. Im Hintergrund der zweithöchste Berg der Insel, der 606 m hohe Hecla.

Am Ende der B890 am Loch Skipport sieht man am Hang des Hecla ein altes, zerfallenes Farmhaus. Auf den Wiesen rund um den Wanderparkplatz trifft man wiederholt auf wild lebende Eriskay-Ponys - und mit Glück dreht ein Steinadler hier seine Runden.

Die Atlantikküste von South Uist bei Stoneybridge - die Flora tastet sich bis auf wenige Meter an das Meer heran. Mit den Dünen rechter Hand beginnen die Machairs.

Derselbe Strand (Foto oben) in der Vogelperspektive. Die Felder der Farmer reichen bis an den Dünenrand heran - ein klassischer Machair-Küstenverlauf.

Der Blick vom Township Stoneybridge auf die höchsten Berge von South Uist im Osten: Linker Hand der Hecla (606 Meter), rechter Hand der Beinn Mhor (620 Meter hoch).

Die Machairs von Stoneybridge (Foto oben) aus der Vogelperspektive. Linker Hand ist der Beinn Mhor zu sehen, am Horizont der Höhenzug der Highlands vor Lochboisdale.

Gut erschlossen und auch mit normalem Schuhwerk zu bewerkstelligen: Der Rundwanderweg auf der Nordseite von Loch Eynort auf der Ostseite von South Uist.

Der 257 Meter hohe Arnaval - während die Machairs im Westen von South Uist saftig grün sind, ist die in Nord-Süd-Richtung verlaufende A865 wie ein Trennstrich zu den Mooren und Heideflächen der Highlands der Insel im Osten.

Mehr als ein „StopOver“ wert: Das Kildonan Museum auf South Uist mit mehr als 10.000 Exponaten aus Geschichte und Lebensweise auf South Uist seit der Frühzeit. Ein Shop, Cafe und ein Kunsthandwerksladen ergänzen das Angebot zur Überbrückung trüber Momente.

Die Fauna der Uists (wie hier bei Askernish auf der Süd-Insel) ist reich an unzähligen Vogelarten. Auch wenn es in diesem Moment nur für ein Fotoshooting mit Austernfischern reichte...

Cladh Hallan - die Roundhouses von South Uist

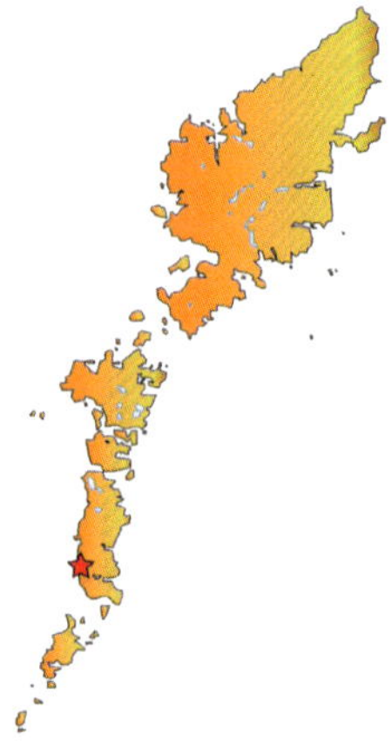

Eine der wenigen frei zugänglichen archäologischen Fundstätten auf South Uist findet sich in den Dünen an der Westküste der Insel auf Höhe von Lochboisdale. Man erreicht die Fundstätte „Cladh Hallan“, indem man im Kreuzungsbereich der A865 mit der B888 in Daliburgh der Single Track Road Richtung Westen folgt (Beschilderung ist vorhanden). Am Parkplatz des Friedhofs auf den Dünen kann man sein Auto abstellen - und die ca. 500 Meter durch die begrünten Dünen auf einem Feldweg wandern. Kurz vor dem Meer finden sich linker Hand die Ausgrabungen von drei „Roundhouses“ aus der Bronzezeit, Menschen lebten hier vom Ackerbau in den Machairs von ca. 1.100 bis 200 v.Chr., zeitweilig gab es hier bis zu sieben gleichzeitig bewohnte Häuser.

In den ausgegrabenen Roundhouses fanden sich u.a. auch mumifizierte menschliche Knochen eines drei sowie zwölf Jahre alten Kindes, ebenso die Überreste eines männlichen Erwachsenen und einer etwa 45 bis 60 Jahre alten Frau. Anhand der Anordnung der Körper geht man davon aus, dass diese in den Häusern bestattet wurden. Die Roundhouses waren (wie der Name es ausdrückt) rund, hatten abgetrennte Räumlichkeiten, teils sogar einen kleinen Kellerraum. Ein hergerichtetes Roundhouse aus der frühen Eisenzeit kann auf Bernera (Lewis) besichtigt werden (siehe Seite 74).

Insgesamt konnten auf South Uist ca. 200 Siedlungshäuser aus der Zeit 2.500 bis 200 v.Chr. lokalisiert werden, die sich in den Gegenden von Hallan, Iochdar und Cill Donnain konzentrierten. Nach 200 v.Chr. wurden die Roundhouses aufgegeben, die Menschen wechselten in Brochs und Wheelhouses.

Etwas versteckt - aber über den Dünenwanderweg gut erreichbar: die archäologische Fundstätte von Cladh Hallan mit ihren Roundhouses aus der Bronzezeit.

Die Roundhouses von Cladh Hallan wurden Mitte der 1990er Jahre entdeckt und von wissenschaftlichen Mitarbeitern der Sheffield University freigelegt.

Etwa 100 Meter nordwestlich der Roundhouses finden sich die Überreste eines ähnlichen Hauses, das allerdings wesentlich jüngeren Datums ist (ca 200 v.Chr.).

Schottischer Nationalsport: Golf. Auf South Uist kann man dies auch als Nicht-Mitglied gegen Gebühr auf dem Askernish Course ausprobieren. Der Golf Club ist auf den Hebriden seit 1891 etabliert, ist der natürlichste Golfplatz weltweit und zählt zu den Top 100 (GB).

Die naturbelassene Schärenwelt des Loch Baghasdail vor dem Fährhafen Lochboisdale.

Wildromantisch: Loch Baghasdail in Lochboisdale mit dem 275 Meter hohen Beinn Ruigh Choinnich.

Lochboisdale: Mit Millionenaufwand wurde der Hafen der Stadt saniert, Geschäfte und Wohnhäuser gebaut. Diese stehen überwiegend leer. Der Ort vermittelt trotz seiner wunderschönen Lage statt Aufbruchstimmung mehr den Charakter eines sterbenden Städtchens.

Eriskay

Die Insel Eriskay ist - ähnlich wie Grimsay und Benbecula - für viele Touristen nur eine Durchfahrtsinsel. Verbunden mit dem „Eriskay Causeway“ Damm nach South Uist sowie der Fähre nach Barra im Süden halten die wenigstens Menschen hier an, um dieses Eiland mit seinen sieben Quadratkilometern Größe kennenzulernen.

„Ruhm“ erlangte Eriskay im Jahr 1941, als im Ersikay-Sund das Frachtschiff „Politician“ beladen mit 24.000 Holzkisten, die 260.000 Flaschen Whisky beinhalteten, havarierte. Seither gilt auf der Insel das Jahr 1941 „als das Beste der Inselgeschichte“. Wer eins und eins zusammenzählt, weiss warum.

Eriskay - die Insel der „Whisky Galore“

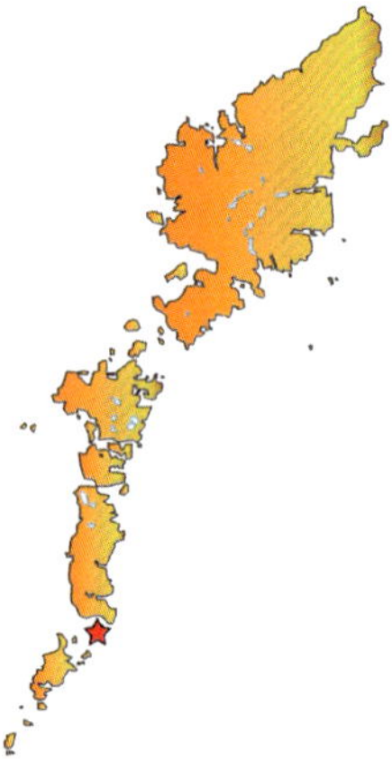

Der Name der Insel „Eirisgeigh“ (gälisch) ist altnorwegisch und heißt eigentlich „Eric‘s Isle“ (Eriks Insel), heute Eriskay. Nach den fragil wirkenden Townships von South Uist hat man auf dieser kleinen Insel mit gerade mal ca. 190 Bewohnern mehr das Gefühl des „hier steppt der Bär“, was insbesondere dem für seine „kleine Größe“ gut sortierten Community Shop mit angeliedertem Cafe und Crafterregalen sowie der berühmten Bar „Am Politician“ am Strand des Ortes zu verdanken ist.

Als 1941 in der Meerenge zwischen Eriskay und South Uist das Frachtschiff „SS Politician“ sank, waren die Insulaner schnell zur Stelle, um zu retten was zu retten ist: die Ladung des Schiffes waren 260.000 Whiskyflaschen. Trotz Plünderverbot und Rückgabeforderung der Flaschen durch die Zollbehörden verschwand zusehens die havarierte Ladung vom Strand und im Schiffswrack, so dass man sich gezwungen sah, die Schiffsreste samt Whisky zu sprengen. Weltweit bekannt wurde die Geschichte 1947 mit dem Roman „The Whisky Galore“ von Compton Mackenzie, die erstmals 1949 verfilmt und 2016 neu verfilmt wurde.

Von Eriskay stammt auch eine eigene Pferderasse: das Eriskay Pony. Bereits die Pikten nutzten das zähe Pony für die Feldarbeit und zum Transport. Die Island-Pferde sind eine Unterrasse der Eriskay Ponys und wurden von den Wikingern an den Polarkreis gebracht. Die Eriskay-Ponys sind vom Aussterben bedroht, der weltweite Bestand konnte seit den 1970er Jahren aber wieder von 20 auf mehr als 400 hochgezüchtet werden (siehe S. 20).

Seit 2002 ist Eriskay mit dem „Causaway“ Straßendamm mit South Uist verbunden. 1941 havarierte in dieser Meerenge das Frachschiff „Politician“ mit 260.000 Whiskyflaschen an Bord und machte die Insel weltberühmt.

Treffpunkt aller Hungrigen nach einem Biergarten auf den südlichen Hebriden, Whiskyfans und Geschichtenerzähler auf Eriskay: Die Bar „Am Politician" an der Westküste der Insel. Über der Theke strahlt einem eine der wenigen noch existierenden „Whisky Bottles" aus 1941 entgegen.

Der Fähranleger in Coilleag auf Eriska: mit einer verhältnismäßig kleinen Fähre setzt man auf seinem Hopscotch-8-Weg hier binnen 40 Minuten nach Barra über. Eine Bushaltestelle sowie eine beheizte Wartehalle mit Toiletten erleichtern das Warten auf die Fähre.

Barra

Wer die Äußeren Hebriden im Schnelldurchlauf erleben will, dem sei Barra empfohlen: Zwei Fährhäfen, ein Flughafen, eine Ringstraße, ein großer Ort mit Grundversorgung, alterwürdige Kirchen, eine alte Festung, Ruinen, Moor- und Heideflächen, Machair, Felder, Weiden, ein paar Bäume, jede Menge Strände - und bis zu 383 Meter hohe felsige Berge zum Klettern. Konzentriert auf knapp 59 Quadratkilometer. Noch mehr auf weniger Fläche kann nicht.

Nur wer die Schönheit dieser Hebrideninsel mit seiner digitalen Freundes- und Socialmediawelt sofort teilen will, der muss hier (noch) gewaltige Abstriche machen: „No Signal" bzw. „E" für „Edge" sind (2018) die Standardanzeigen auf der Insel. Aber das ist vielleicht gut so.

Barra - die „All in One“ Insel der Hebriden

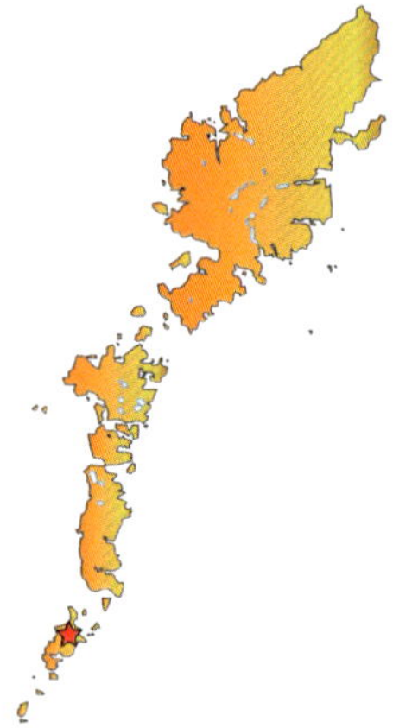

Die ersten Siedlerspuren auf Barra reichen bis in das Neolitikum (Neusteinzeit) zurück und wurden an der Südseite gefunden - dort wo heute der Straßendamm nach Vatersay zu finden ist. Spuren aus der Bronzezeit allerdings lassen sich kaum erkennen - sie stellen für die Archäologen noch ein Rätsel dar. Auch die Wikinger hielten es auf der Insel nur kurze Zeit aus, sie konzentrierten sich mehr auf die nördlicheren Inseln.

Mit dem Mittelalter kam auch auf Barra das schottische Clan-Wesen auf, die Festung Kisimul Castle in der Bucht von Castlebay ist ein Erbe des Clans der Macneils. Im 19. Jahrhundert war die Insel am dichtesten besiedelt, 1841 wurden 2.363 Einwohner gezählt, heute sind es noch ca. 1200.

Barra ist seit jeher nur per Schiff erreichbar, die Hauptroute zur Insel war früher wie heute die Fähre von Oban nach Castlebay. Die Verbindung zwischen dem nördlichen Hafen Ardmhor und Eriskay wurde erst im Jahr 2003 aufgenommen, kurz nachdem jene Insel 2002 durch einen Straßendamm mit South Uist verbunden wurde. Davor gab es nur eine Schiffsverbindung via Oban nach Lochboisdale auf South Uist.

Lange Zeit schien diese (schlechte) Anbindung wohl ausreichend zu sein - immerhin gilt Barra als die Insel der Äußeren Hebriden, auf der man alles, was die anderen Inseln zu bieten haben, im Miniaturformat vorfindet - angefangen von fruchtbaren Machair bis hin zu Highland-Bergen, einsamen Stränden, kleinen Wäldern und historischen Gebäuden.

Castlebay liegt an der Südküste von Barra in einer vor Atlantikwinden geschützten Bucht. Optisch dominiert wird der Ort von der Kirche „Church of Our Lady Star of the Sea“, die 1888 eingeweiht wurde - den Kirchenbüchern nach waren an dem Tag alle 800 Sitzplätze belegt.

Die alte Festung Kisimul Castle bewacht die Einfahrt zur Bucht. Das Castle ist die Hauptattraktion des Örtchens und kann von April bis September besichtigt werden. In Castlebay gibt es das „Kisimul Cafe": ungewöhnlich - denn es wird lecker mit indischem Charakter gekocht!

Kisimul Castle ist nur per Boot erreichbar. Die Festung wurde vom Clan Macneil erbaut. Erste Befestigungen des Buchtfelsens werden auf das Jahr 1050 n.Chr. datiert. Das alte Castle wurde 1795 durch einen Brand zerstört. Es wurde erst im 20. Jahrhundert restauriert.

Traigh Mhor - der Strandflughafen von Barra

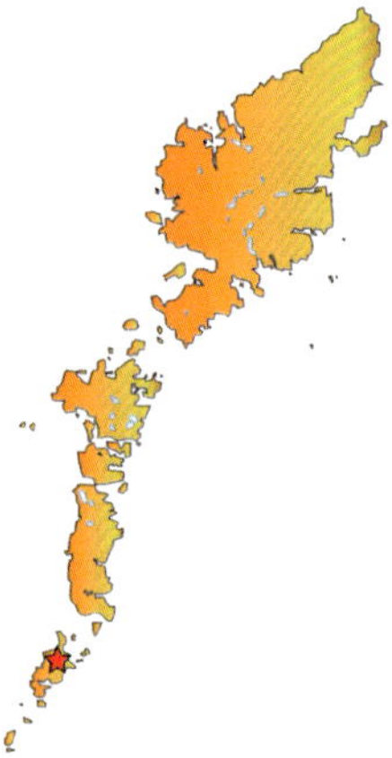

Angesichts der erst 2003 erfolgten Anbindung von Barra an die nördlicheren Hebrideninseln ist es kaum verwunderlich, dass seit dem 7. August 1936 eine ungewöhnliche Flugverbindung von Glasgow nach Barra existiert: Auf dem Strand „Traigh Mhor" (Big Beach, großer Strand) starten und landen seit mehr als 80 Jahren zwei mal werktags und einmal feiertags Kleinflugzeuge und bringen Geschäftsleute, Inselbewohner und Touristen von und nach Barra. Weltweit ist dieser Flughafen einmalig: Linienflüge, die einen Strand als Start- und Landebahn haben. An- und Abflug, welche nur bei Ebbe stattfinden können wenn die Sandflächen wasserfrei sind, müssen im Vorfeld Traktoren ausrücken und je nach Windverhältnissen eine der drei vorhandenen Start- und Landebahnen mit großen Eggen und Walzen einebnen, da jede Flut im Sand neue Wasserflächen oder kleine Prile hinterlässt.

Starts und Landungen der Flugzeuge, die seit 1974 von der Fluggesellschaft Loganair durchgeführt werden, sind „das" neuzeitliche touristische Highlight der Äußeren Hebriden. Bei Wind und Wetter drängen sich am Parkplatz nahe dem Tower Schaulustige und Fotografen mit großen Teleobjektiven für das „Event", das sich direkt vor ihren Augen abspielt: Start und Landung auf dem Sand des Meeresboden. „Very british" auch die Abwicklung des Aus- und Zustiegs - man muss es erlebt haben. Das Cafe des Airports im „Flughafengebäude" platzt vor allem rund um die Flugzeiten mittlerweile aus allen Nähten - bietet es doch den durch Wind und Regen durchgefrorenen Fotografen anschließend heißen Tee und warme Speisen.

Anflug der Maschine aus Glasgow auf die „Landebahn" des Flughafen von Barra: der Strand. Vor einer Landung der bei Ebbe freiliegenden flachen Sandbank sorgen zwei Traktoren mit Eggen und Walzen für die Einebnung der durch die Meeresströmungen entstandenen Senken.

Ordnung muss sein: Nach der Ankunft wird die Maschinen vom Bodenpersonal umfassend gesichert, der Ausstieg mit einer Absperrkette versehen, das Gepäck zum Baggage Reclaim gebracht. Die Fluggäste dürfen dann allerdings zu Fuß über den Strand ins Gebäude.

Vergessenes Gepäck? Gibt es auch auf Barra. Der „Baggae Reclaim" des Barra Airport ist direkt an der Straße nach Castlebay. Die Eigentümer der Koffer kamen übrigens nach 45 Minuten mit dem Taxi wieder vorgefahren. Bombenalarm wurde nicht ausgelöst.

Die A888 auf Barra ist ähnlich wie die A865/867 auf North Uist: Sie führt im Kreisverkehr rund um die Insel und ermöglicht so das problemlose Erkunden des malerischen Eilandes.

Vor allem am Loch an Duin (Nordseite) und zwischen Earsary und Breibhig (Ostseite) finden sich die „Wälder“ von Barra und geben der Landschaft ihren eigenen Charakter.

Am bzw. im Loch Tangasdail im Westen von Barra findet sich linker Hand der A888 die einsame Ruine eines mittelalterlichen Turmes.

Die Strände von Traigh Tuath (im Bild) und Traigh Hamara im Westen von Barra sind malerisch - aber gefährlich: An einigen Stellen hat es hier tückischen Treibsand - die Warnschilder sollten ernst genommen werden.

Vatersay

Lange Zeit galt Vatersay als die „südlichste bewohnte Insel" der Äußeren Hebriden. 1989 wurde sie durch einen Straßendamm mit Barra verbunden. Er ermöglichte den noch wenigen verbliebenen Insulanern weiterhin auf Vatersay zu wohnen, da ein Besuch des Arztes oder Einkauf in Castlebay vorher nur mit erheblichem Aufwand per eigenem Boot oder Fähre möglich war.

Heute leben wieder rund 90 Menschen auf der malerischen, nur knapp zehn Quadratkilometer großen Insel, die vor allem für die in der Mitte der Insel zwischen Nord- und Südteil liegenden Strände berühmt ist.

Seit 1989 ist Vatersay mit einem 250 Meter langen Straßendamm mit Barra verbunden. 220.000 Tonnen Gestein mussten für die Verbindung in die Meerenge gekippt werden, die seither den Atlantik im Westen von der Hebridischen See im Osten trennt.

Rau und wild der Strand Traigh Siar (Foto) auf der Atlantikseite der Düne. Die Osts über die Düne hinwegetragen wird, durch die etwa zehn Meter hohe Düne win

Vatersay besitzt zwischen dem Nord- und Südteil der Insel nur eine rund 200 Meter breite, jedoch mit Gras bewachsene Dünenverbindung. In den Sommermonaten bietet hier ein Cafe Touristen entspannte Momente. Der Ort Vatersay liegt am Südende der Düne.

r Vatersay-Bay ist Dank feinstem Sand, der durch den Westwind von West nach Ost - und lädt in den Sommermonaten zum Sonnenbad in Badehose und Bikini ein.

Faszination Sound of Mull

Zum „Hopscotch 8“ gehört als Pflichtprogramm die Fährverbindung von Oban nach Barra, bzw. Barra nach Oban. Diese Strecke zählt unzweifelhaft zu den schönsten, die Schottland zu bieten hat. Verlässt man im Morgengrauen Castlebay mit der Fähre, geschieht dies mit einem Blick auf das langsam immer mehr in der Ferne verschwimmende und am Horizont im Meer versinkende Barra mit seinem 384 Meter hoher Ben Heavel im morgendlichen Sonnenschein.

Während der Überfahrt kann man im Schiffsrestaurant sein „Scottish Breakfast“ einnehmen - und am späten Vormittag sich auf das Panoramadeck begeben, um die Ein- und Durchfahrt in den „Sound of Mull“ zu genießen, der - entsprechendes Wetter vorausgesetzt - atemberaubende Momente bietet und das abschließende Highlight einer Hebridenrundfahrt ist, bevor man am Ende in das quirllige Stadtleben von Oban entlassen wird.

Am frühen Morgen starten die Fähren von Castlebay (Barra) zurück nach Oban auf das britische „Mainland".

Langsam beginnt Barra in den Morgenstunden am Horizont kleiner zu werden und versinkt mit der Zeit im Meer. Ein Hauch von Wehmut ist erlaubt.

Die Fähren zwischen Barra und Oban verkehren in der Regel „bei Wind und Wetter", da der Heimathafen dieser Verbindung in Castlebay ist und die Liegeplätze in Oban rar sind. Im Schiffsrestaurant kann der Meeresblick inkl. „Scottish Breaktfast" genossen werden.

Am späten Vormittag sieht man das „Mainland" auf sich zukommen. Die nördliche Einfahrt in den „Sound of Mull" markiert das Stevenson Lighthouse Ardnamurchan.

„Unter Land" bzw. „unter den Highlands" erschließt sich das grandiose Panorama des 342 Meter hohen Beinn na Seilg kurz vor der Kilchoan Bay.

Genau gegenüber des Beinn na Seilg sieht man auf der Insel Mull das Glengorm Castle.

Blick in die Bucht von Kilchoan. Die Berge der Highlands wirken übermächtig.

Entlang der Küstenlinie von Mull sieht man zum greifen nahe den Leuchtturm Rubha nan Gall.

Nur für wenige Augenblicke öffnet sich der Sound of Mull in die Hafenbucht von Tobermory auf Mull.

Auf Höhe von Rubha Mor (Mull) hat der Sound of Mull seine größte Breite.

Auf Höhe von Savary erinnert landschaftlich überwiegend dieser Regenbogen daran, dass man sich noch mitten in Schottland befindet.

Ardtornish Point mit der Ruine eines Castle.

Kurz vor der Einfahrt in den Firth of Lorn begegnet einem die Fähre von Oban nach Craig-nure auf Mull. Imposant im Hintergrund der 766 Meter hohe Dun da Ghapithe auf Mull.

Duart Castle auf Mull markiert den Wechsel vom Sound of Mull in den Firth of Lorn.

Das Lismore Lighthouse auf der gleichnamigen Insel im Firth of Lorn vor der Einfahrt in den Lynn of Lorn.

Mit dem Anlegen der Fähre in Oban geht unweigerlich die „Hopscotch 8“ Reise zu Ende. Nach Ullapool sind es 249 Kilometer, falls...

FAQ

Webseiten rund um die Hebriden

Die Western Isles Linktipps

Das Buch „Hopscotch 8" deckt bei weitem nicht alle Angebote der Äußeren Hebriden ab, sondern nur einige Eindrücke und Bekanntschaften, die man bei einem längeren Aufenthalt sammeln kann - es nimmt daher keinen Anspruch auf „lückenlos" ein.

Ergänzend gibt viele interessante bzw. inhaltlich sehr gute Webseiten rund um die Äußeren Hebriden. Die nachfolgende Linkliste ist natürlich nicht vollständig, da es passieren kann, dass Webseiten offline genommen werden - oder in Zeiten des sich ständig wandelnden Internet mit der Zeit viele neue hinzukommen - oder Inhalte veralten. Von den hier vorgestellten Firmen wurden keine Extras, Vergünstigungen oder Unterstützung für dieses Buch gezahlt, es sind rein objektive - wie subjektive - Betrachtungen, die beim Besuch der Einrichtungen gemacht wurden. Für weitergehende Informationen sind (Stand Herbst 2018) zu empfehlen (für gewöhnlich sind die Webseiten auf Englisch):

Portale	**Insel**	**Link (www)**
Insel Lewis	Lewis	isle-of-lewis.com
Insel Harris	Harris	explore-harris.com
Insel North Uist	North Uist	isle-of-North Uist.co.uk
Insel Benbecula	Benbecula	isle-of-benbecula.co.uk
Insel South Uist	South Uist	isle-of-South Uist.co.uk
Insel Barra	Barra	explore-isle-of-barra.co.uk
Explore Western Isles	umfassend	explore-western-isles.com
Hebridean Way	umfassend	hebrideanway.co.uk
Touristinfo Schottland	umfassend	visitscotland.com
Tourisinfo Äußere Hebriden	umfassend	visitouterhebrides.co.uk
Visit Britain	umfassend	visitbritain.com/de/de/schottland/aeussere-hebriden
privates Infoportal	umfassend	scotlandinfo.eu/outer-hebrides-western-isles/
Willkommen in Schottland	umfassend	willkommeninschottland.com
Schottland Magazine	umfassend	schottland.co
Walkhighlands	umfassend	walkhighlands.co.uk/outer-hebrides/
Caledonian MacBrayne	Fähranbieter	calmac.co.uk

Museen, historische Stätten & Infoseiten

Steinkreise von Callanish	Lewis	callanishvisitorcentre.co.uk
Gearrannan Blackhouse Village	Lewis	gearrannan.com
Lews Castle Stornoway	Lewis	lews-castle.co.uk
The Harris Tweed Authority	Lewis	harristweed.org
The Whalebone Arch	Lewis	bragarwhalebine.co.uk
Blackhouse Museum Arnol	Lewis	historicenvironment.scot/visit-a-place/places/the-blackhouse-arnol/
Broch Dun Carloway	Lewis	de.wikipedia.org/wiki/Dun_Carloway
Eisenzeithaus von Bostadh	Great Bernera	saintsandstones.net/stones-bostadh-journey.htm
St. Clemens Church	Harris	de.wikipedia.org/wiki/St_Clement's_Church_(Rodel)
Grimsay Wheelhouse	Grimsay	grimsaywheelhouse.weebly.com
Kildonan Museum	South Uist	kildonanmuseum.co.uk
Cladh Hallan Roundhouses	South Uist	canmore.org.uk/site/108429/South Uist-cladh-hallan
The Eriskay Pony Society	Eriskay	eriskaypony.com
Kisimul Castle	Barra	historicenvironment.scot/visit-a-place/places/kisimul-castle/

Attraktionen, Galerien, Crafters & Besonderes

Harbour view Gallery	Lewis	abarber.co.uk
Borgh Pottery	Lewis	borghpottery.co.uk
Morven Gallery	Lewis	morvengallery.com
The Carloway Mill Harris Tweed	Lewis	thecarlowaymill.com
The Beachhouse Gallery	Lewis	thebeachhousegallery.co.uk
Abhainn Dearg Distillery	Lewis (Uist)	abhainndearg.co.uk
Hebridean Soap Company	Lewis	hebrideansoap-shop.co.uk
North Harris Trust	Harris	north-harris.org
Community Shop Leverburgh	Harris	harriscommunityshop.co.uk
Harris Distillery	Harris	harrisdistillery.de
Essence of Harris	Harris	essenceofharris.co.uk
Hebridean Mustard Company	Harris	hebrideanmustard.com
Harris Tweed and Knitwear	Harris	harristweedandknitwear.co.uk
Harris Tweed Company Grosebay	Harris	harristweedco.co.uk
Darren Cole Photography	Harris	darrencole.photography
Holmasaig Gallery	Harris	holmasaiggallery.com
The Craft Market	umfassend	facebook.com/craftmarkethebrides.co.uk/
The Hebridan Smokehouse	North Uist	hebrideansmokehouse.com
Shoreline Stoneway Gallery	North Uist	shoreline-stoneware.co.uk
Uist Wool	Grimsay	uistwool.co.uk
Namara Hebridean Catch	Grimsay	thehebrideancatch.co.uk
Salar Smokehouse	South Uist	salarsmokehouse.co.uk
Hebridean Jewellery	South Uist	hebrideanjewellery.co.uk
Askernisch Golf Club	South Uist	askernishgolfclub.com
Isle of Barra Distillers	Barra	isleofbarradistillers.com
Barra Airport	Barra	hial.co.uk/barra-airport/
Barra Shop & Internet Cafe	Barra	barrashop.co.uk

Gastrotipps (unsere uneingeschränkten Empfehlungen, basierend auf 2018)

Digby Chick Restaurant (Stornoway)	Lewis	digbychick.co.uk
The Boatshed Restaurant (Stornoway)	Lewis	royalstornoway.co.uk
The Lido Bistro (Stornoway)	Lewis	facebook.com/TheLidoStornoway/
Cafe & Restaurant Pierhouse (Tarbert)	Harris	hotel-hebrides.com/dining/the-pierhouse-restaurant/
The Machair Kitchen (Talla na Mara)	Harris	hotel-hebrides.com/the-machair-kitchen/
The Anchorage Restaurant (Leverburgh)	Harris	anchoragerestaurant.co.uk
Pub The Westford Inn (Claddach-Kirkibost)	North Uist	westfordinn.com
Pub Am Politican	Eriskay	facebook.com/Am-Politician-1873339246291719/
Kisimul Cafe Castlebay	Barra	cafekisimul.co.uk

umfassende deutschsprachige Blogs zu Schottland und den Äußeren Hebriden

Ortsvorstellungen Schottland	umfassend	myhighlands.de
Reisetipps (diverse Länder)	umfassend	insiderreiseziele.net

Keine Lust alle Links aus dieser Liste abzutippen? Besuchen Sie die Webseite zum Buch unter www.hopscotch8.info und klicken sich durch die Link-Liste!

Über den Autor

Autor Hans-Martin Goede, Jahrgang 1970, begann seine journalistische Arbeit 1988 mit Artikeln rund das Wetter in Mittelfranken für die Fränkische Landeszeitung in Ansbach, für die er auch heute noch arbeitet. 2011 und 2012 schrieb er zwei Bücher über das Wetter in Ansbach, in denen er seine dort seit 1982 aufgestellten Wetterbeobachtungen und das Wettergeschehen der Region mit Fotos, Grafiken, Statistiken und Analysen umfangreich zusammengefasst.

Seit 2002 ist er als verantwortlicher Redakteur und Journalist für die Internetzeitung **weilimdorf.de** aktiv und verfasst hier seit mehr als 16 Jahren Artikel rund um die Lokalpolitik und das Leben im Stuttgarter Stadtbezirk.

2003 begann er seine Erfahrungen und Eindrücke auf Reisen durch Europa zusammenzufassen. Seine Reiseberichte mit Ausflugstipps, aber auch das persönliche Zusammentreffen mit den Menschen in den bereisten Ländern beschreibt er seither auf seinem Blog **insiderreiseziele.net** mit vielen eindrucksvollen Fotos und Texten. Seine Erzählungen über die Urlaubsinsel Kreta zählen mit zu den am meisten abgerufenen Online-Reiseberichten und wurden u.a. 2016 von „Radio Kreta" empfohlen: „Die teils ausführlichen Urlaubsberichte bieten Inspiration für die eigene Urlaubsplanung und machen noch Unentschlossenen definitiv Lust auf einen Trip nach Kreta. Nach dem Lesen möchte man am liebsten sofort die Koffer packen."

Hans-Martin Goede war seit 2010 wiederholt in Schottland, auf unterschiedlichste Art und Weise erkundete er viele Ecken zwischen der Capitale Edinburgh in den Lowlands und Cape Wrath im Nordwesten, zwischen Neist Point auf der Hebriden-Insel Skye im Westen und Slains Castle im Osten an der Nordsee. 2018 kam die mehrwöchige Reiseerfahrung der Äußeren Hebriden hinzu. Die Eindrücke, Bekanntschaften und Fotos waren so vielfältig, dass sie über einen normalen Blogbeitrag hinaus gingen - und sich hier in diesem Buch wiederfinden.

Weitere Bucherscheinungen von Hans-Martin Goede sind:
Wetter Ansbach 1981 bis 2010, ISBN 978-3-9328-8411-5
Wetter Ansbach 2001 bis 2010, ISBN 978-3-9328-8412-2

Des weiteren steuerte er die winterlichen Bilder von Reykjavik für „God Jul, Weihnachten in Skandinavien" bei, ISBN 978-3-7724-7482-8

Als Gott die Erde schuf, kam ihm eine ganz besondere Idee.

Er sagte zu Gabriel:
'Ich will ein Land schaffen, das seinesgleichen sucht!
Wilde Berge, tiefe Fjorde, unberührte Natur mit
wellenumtosten Küsten, die Menschen sollen dort ein
unvergeßliches Getränk herstellen, den Whisky.
Ich will dieses Land Schottland nennen!'

Gabriel erwiderten irritiert:
'Warum willst Du all diese Schönheit auf einen Erdflecken
konzentrieren und nicht gleichmäßig verteilen?'

Da schmunzelte Gott und meinte:
'Gabriel, Du weisst noch nicht,
wen die Schotten als Nachbarn haben werden!'

Verfasser unbekannt